합연 텍스처링을 활용한
전자섬유 제품

저자 소개

임대영 한국생산기술연구원 수석연구원

김혜림 한국생산기술연구원 박사

노수현 한국생산기술연구원 연구원

합연 텍스처링을 활용한
전자섬유 제품

초판 발행 2024년 7월 26일

지은이 임대영, 김혜림, 노수현
펴낸이 류원식
펴낸곳 **교문사**

편집팀장 성혜진 | **책임진행** 윤지희 | **디자인** 신나리 | **본문편집** 유선영

주소 10881, 경기도 파주시 문발로 116
대표전화 031-955-6111 | **팩스** 031-955-0955
홈페이지 www.gyomoon.com | **이메일** genie@gyomoon.com
등록번호 1968.10.28. 제406-2006-000035호

ISBN 978-89-363-2556-5 (93500)
정가 20,000원

합연 텍스쳐링을 활용한 전자섬유 제품

임대영 · 김혜림 · 노수현 지음

TWISTING AND TEXTURING FOR E-TEXTILE PRODUCTS

교문사

전자와 전기 에너지를 전달할 수 있는 전도성 재료를 사용한 전자섬유는 4차 산업혁명 시대를 선도하고 있다.

전자섬유 개발에 있어서 전도성 재료는 가장 핵심적인 요소기술이다. 일반적으로 전도성 재료는 전도성을 가지는 폴리머, 잉크, 전도사로 구분할 수 있으며, 전도성 폴리머나 전도성 잉크 기반의 전도성 재료는 섬유와의 이질적 촉감을 가지고 있고, 전통적인 섬유 제조 장비나 사가공 장비에 적용하기에는 한계가 있다.

전도사는 기본 물성이 기존의 유기물 기반의 섬유와 유사하므로, 전통적인 섬유 제조 장비나 사가공 장비에 적용할 수 있다. 대표적인 방법으로는 합연과 텍스쳐링이 있으며, 다양한 조건들에 의해 여러 가지 형태나 물성을 가지는 사들을 제조할 수 있다. 하지만 합연 및 텍스쳐링 장비에 전도사를 활용할 수는 있으나, 전자섬유라는 개념은 비교적 근래에 등장한 것이며 섬유, 전기, 전자 등의 복합적이면서도 전문적인 지식을 요구하고 있어 전문적으로 배울 수 있는 기회가 적은 편이다. 또한 관심이 있더라도 개인이나 일반인이 합연 장비와 텍스쳐링 장비를 체험하기는 어려웠다.

이 책은 ICT 융합섬유나 스마트 의류에 관심이 있는 전공자와 일반인들이 합연 장비를 활용하여 전도사를 만들고, 에어 텍스처링 장비를 활용하여 전도사를 성형하는 방법을 안내하고자 기획되었다. 1장에서는 전자섬유의 이해를 돕기 위하여 기본적인 전자섬유의 개념과 전도성 재료의 종류에 대해 소개하고, 전도성 재료 중에서 가장 기본적인 전도사의 종류와 제조방법, 활용분야와 기능을 설명하였다. 2장에서는 실의 정의와 분류를 기초 내용으로 소개하고, 전도사의 주요 제작 기술 중 하나인 합연 텍스처링 기술의 정의와 목적, 종류와 특징, 기술별 적용 사례와 외관 등을 중심으로 소개하였다. 3장에서는 합연과 텍스처링의 여러 공정변수와 구체적인 작동방법에 대해 기술하였다. 마지막 4장에서는 3장에서 개발한 전도사를 활용하여 다양한 전자섬유를 제작하기 위한 순서를 소개하였다. 또한 LED 브로치, LED 북마크, 근전도 측정용 레깅스 등을 실습할 수 있는 예제를 수록해 전자섬유 제품의 제작과정을 상세하게 소개함으로써 누구나 쉽게 전자섬유를 만들 수 있도록 구성하였다.

이 책이 전자섬유와 전도사에 대하여 흥미를 가진 모든 분들에게 이해와 관심의 지침서가 되기를 희망한다. 마지막으로 이 책의 출판을 위하여 애써 주신 교문사 편집진의 노고에 감사의 마음을 전한다.

2024년 7월
저자 일동

차례

CHAPTER 3 합연 텍스쳐링을 활용한 전도사 제작

CHAPTER 4 전도사를 활용한 전자섬유 제품의 제작 실습

CHAPTER

01

전자섬유와 전도사

1.1 전자섬유의 개념

전자섬유(e-textile)는 전기, 전자, 정보통신 등 첨단 기술을 적용하여 전자기능을 할 수 있는 신개념 섬유 제품이다. 전도성 재료 및 전자부품들이 통합되어 회로를 구성하는 형태로 건강 모니터링, 생체신호 측정, 온도 제어 등의 목적으로 활용된다. 전자섬유는 의류나 시계와 같은 착용형 웨어러블 디바이스와 의자나 카펫과 같은 비착용형 웨어러블 디바이스에 사용된다. 최근 들어 웨어러블 산업의 패러다임 변화로 인해 착용형 웨어러블 디바이스에 대한 관심이 뜨겁다. 초기 웨어러블 산업의 영향으로 무겁고 크기가 큰 전자기기의 경량화와 소형화가 이루어졌으며, 이로 인해 휴대전화와 같은 전자제품이 발명되었다. 그리고 전자기기 내부의 전자부품이 소형화 및 유연화되면서 전자기기는 점차 사람이 착용할 수 있는 형태인 웨어러블 디바이스로 변화하였다. 웨어러블 디바이스는 주로 고글, 안경, 시계 등과 같은 액세서리(accessory) 형태로, 초기 상용화 단계에서는 전자기기 착용에 대한 부담감으로 인해 해당 산업과 시장규모가 크게 성장하지 못하였다.

그러나 스마트워치의 등장으로 웨어러블 디바이스를 착용하는 것에 대한 부담감이 완화되기 시작했다. 2015년 출시된 애플의 애플워치와 2018년 출시된 삼성전자의 갤럭시워치를 필두로 스마트워치가 대중화되면서 기존의 부정적인 시각이 변하고 착용하고 싶은 제품이 되었다. 스마트워치는 시계의 역할인 시간 알림 기능과 더불어 통화, 메신저, 문자 등의 연락 기능과 걷기, 요가, 수영, 사이클 등의 다양한 실내외 활동 추적 기능이 추가되었다. 그리고 이 활동 추적 데이터를 기반으로 한 사용자의 심박수, 걸음수, 호흡수 등의 건강상태 모니터링 기능과 심각한 충돌, 낙석, 이상 심박수 등 사용자의 건강이 위급한 응급상황 시 긴급 연락을 통한 구조 요청 기능까지 가능해진 상황이다. 하지만 최근 발표된 연구들에 의하면 스마트워치 착용에 따른 피부 발진, 저온 화상 등의 문제가 제기되고 있고, 생리신호 획득을 위하여 별도의 스마트 디바이스를 착용해야 하는 프로세스 자체에 대한 번거로움도 제기되고 있다.

(a) 휴대전화 (b) 애플워치 (c) 갤럭시워치

그림 1-1 착용형 웨어러블 디바이스

이제는 많은 연구자가 웨어러블 디바이스 통합형 의류 개발의 필요성에 대해 이야기하고 있으며, Huazhong University의 Min Chen 연구진은 2017년 센서와 전극 등으로 구성된 차세대 스마트 의류(웨어러블 2.0)를 제안하였다. 이 스마트 의류는 전통적인 의복에 전도성 소재가 적용되어 기존의 의복 역할을 함과 동시에 자체적으로 전자기능을 구현할 수 있는 신개념 의류제품을 말한다. 스마트 의류는 포함된 센서, 회로, 스위치 등 모든 구성요소가 섬유재료로 이루어질 때 가능해진다. 따라서 기계적, 전기적 물성을 가진 전도성 재료 개발과 섬유-정보통신기술(ICT, Information and Communication Technologies)의 융합 기술 개발이 필요한 실정이다.

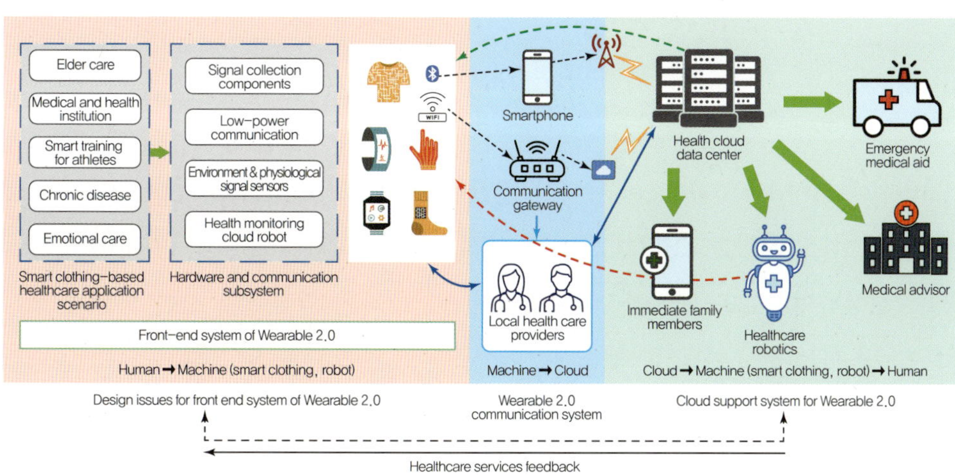

그림 1-2 웨어러블 2.0과 스마트 의류

(출처: Chen, M., Ma, Y., Li, Y., Wu, D., Zhang, Y., & Youn, C. H. (2017). Wearable 2.0: Enabling human-cloud integration in next generation healthcare systems. IEEE Communications Magazine, 55(1), 54-61.)

(a) 섬유형 전극
(textile sensor)

(b) 섬유형 회로
(textile circuit)

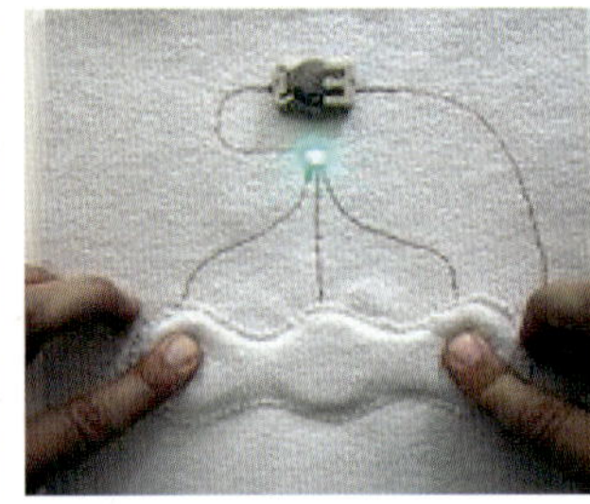

(c) 섬유형 스위치
(textile switch)

(d) 섬유형 안테나
(textile antenna)

(e) 섬유형 디스플레이
(fabric display)

(f) 섬유형 통신모듈
(fabric communi. module)

그림 1-3 스마트 의류의 섬유형 구성요소

(출처: (a)–J. Meyer, P. Lukowicz and G. Troster, "Textile Pressure Sensor for Muscle Activity and Motion Detection," 2006 10th IEEE International Symposium on Wearable Computers, Montreux, Switzerland, 2006, pp. 69–72, DOI: 10.1109/ISWC.2006.286346,
(b)–https://ocw.mit.edu/courses/mas-962-special-topics-new-textiles-spring-2010,
(c)–https://www.kobakant.at/DIY/?p=4085,
(d)–https://news.osu.edu/news/2016/04/13/computers-in-your-clothes-a-milestone-for-wearable-electronics,
(e)–https://www.youtube.com/watch?v=e-rdgB_19Fg&t=2s,
(f)–https://www.mobihealthnews.com/32774/healthwatch-seeks-fda-clearance-for-its-12-lead-ecg-tshirt)

2018년에 Mordor Intelligence에서 발간한 'Smart Fabric Market'에 따르면 세계 스마트 섬유 시장은 2017년 22.4억 달러 규모로 파악되며, 2017년 이후 연평균 22.1% 성장하여 2022년에는 60.8억 달러의 시장규모를 형성했다. 관련 시장은 크게 스포츠 및 피트니스, 의료 및 헬스케어, 군사, 패션으로 나눌 수 있고, 이 중 스포츠 및 피트니스 분야는 향후 5년간 30.8%의 CAGR을 보일 것으로 예측되며, 건강에 민감한 소비자의 관심이 증대됨에 따라 꾸준하게 성장할 전망이다. 현재 스마트 의류의 세계시장 점유율은 아시아-태평양 31.4%, 북아메리카 25.8%, 유럽 22.5% 순으로 선진국을 중심으로 시장이 형성되어 있으나, 아시아-태평양의 시장 성장세가 꾸준히 증

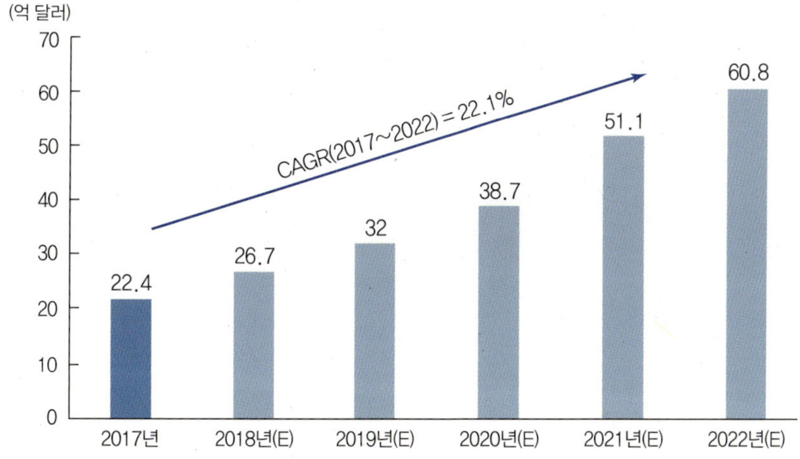

그림 1-4 세계 스마트 섬유 시장규모

(출처: Mordor Intelligence, 2018)

표 1-1 지역별 스마트 의류의 세계시장 점유율(2016~2024)

(단위: 백만 불)

연도 / 지역	2016	2017	2018	2019	2020	2022	2024-p	CAGR (2016~2024)
아시아-태평양	65	216	312	487	755	1,248	1,911	31.4%
북아메리카	97	304	418	622	919	1,390	1,690	25.8%
유럽	64	196	263	382	551	791	1,053	22.5%
기타(남아프리카, 중동, 아프리카)	28	85	111	157	219	294	361	18.2%
합계	254	801	1,104	1,648	2,444	3,723	5,015	26.2%

(출처: Smart Clothing Market, MarketsandMarkets, 2019)

가하고 있다.

스포츠 및 피트니스, 의료 및 헬스케어, 군사와 같은 다양한 산업 분야에서 스마트 의류에 대한 니즈가 증가함에 따라 전 세계적으로 시장 성장이 유도되고, 기존의 전통 의류 시장과는 차별화된 혁신적인 시장 형태로 평가받고 있다. 특히 스마트 의류를 건강 모니터링과 환자 치료에 적극적으로 활용할 수 있는 방안과 이에 필요한 기술적 한계를 넘기 위해 지속적으로 연구 개발이 진행되고 있다.

(a) 스포츠 · 피트니스

(b) 의료 · 헬스케어

(c) 작업복

(d) 군사

그림 1-5 스마트 의류가 연구되고 있는 대표적인 제품군

특히 스포츠 및 피트니스 산업의 지속적인 성장에 따라 웨어러블 디바이스와 스마트 의류에 대한 수요가 증가하고 있다. 현재 센서 기술은 상당히 높은 수준까지 진보했고, 여기에 최신 섬유기술이 더해져서 항균, 난연, 방수, 방풍, 쾌적성, 세탁 내구성 등을 보장할 수 있는 기술이 지속적으로 요구되고 있다. 최근에는 스포츠 선수들의 운동복에 혈압, 심박, 체온 등 생리학적 정보뿐만 아니라 이동거리, 최고속도 등의 운동기능 모니터링이 가능한 가속도센서, 자이로센서 등을 탑재하여 스마트 의류를 선수들의 안전을 확보하면서 운동 성과를 극대화하기 위한 보조기기로 활용하고 있다. 피트니스 트래커 조끼는 GPS가 내장되어 있는 웨어러블 디바이스로 운동능력을 모니터링할 수 있으며, 최근 국가대표 축구선수가 착용해 대중의 관심을 받기도 하였다.

(a) EMG 수트

(b) 리바이스의 스마트 재킷

(c) EMS 수트

(d) 트래커 조끼

그림 1-6 스마트 의류 제품

(출처: (a)–https://www.theverge.com/2014/8/12/5992297/athos-fitness-wearable-electromyography,
(b)–https://techrecipe.co.kr/posts/11232,
(c)–https://www.bodytech-emsfitness.com/ems-fitness/smart-ems-training-system-with-ems-suit.html,
(d)–https://shop.statsports.com/products/apex-athlete-series)

1.2 전도성 재료의 종류

기존 전자소자에서 광범위하게 사용되고 있는 ITO(Indium Tin Oxide) 투명전극은 접힘과 구부림과 같은 물리적 자극 특성이 전자섬유에 적용하기에 제한적이다. 따라서 스마트 의류와 같은 전자섬유를 구현하는 데 전도성 재료가 가장 핵심적인 요소기술이다. IDTechEx의 조사에 따르면 전자섬유 제작에 사용된 전도성 재료는 크게 폴리머 기반, 잉크 기반, 텍스타일 기반(전도사, 전도성 텍스타일 등)의 세 가지 그룹으로 구분된다. 이 중에서 텍스타일 기반 전도성 재료 사용량이 가장 많은 것으로 나타났으며, 이를 적용하여 제작한 전자섬유는 2018년 36%에서 2020년에는 약 50%로 증가하여 지속적으로 확대되는 추세이다.

일반적으로 유기 폴리머로 만들어진 섬유 소재는 저항이 높아 완벽한 절연체이다. 전도성 재료는 전기저항을 낮춘 섬유재료로, 전기적 특성은 전자섬유 응용기술의 기본이 되며, 각 섬유가 지닌 물리적·화학적·전기적 특성에 따라 여러 가지 기능성 제품에 적용이 가능하다.

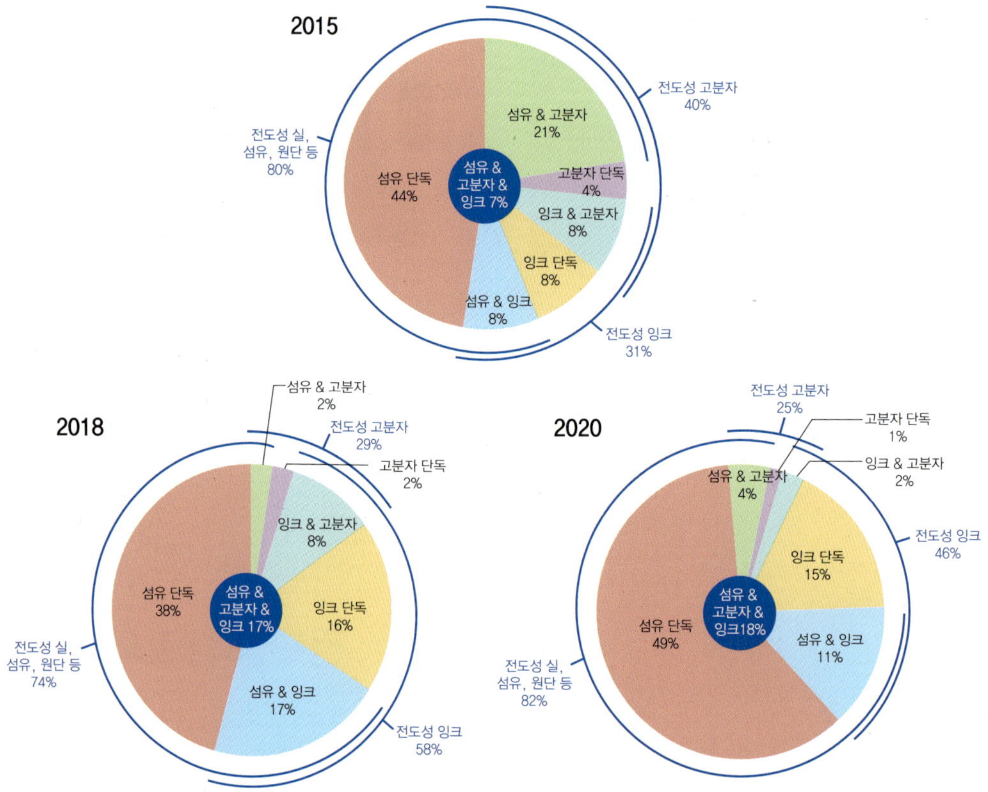

그림 1-7 전자섬유 제작에 사용된 전도성 재료 종류

(출처: IDTechEx, E-textiles 2020-2030: Technologies, Markets and Players)

폴리머 기반 전도성 재료

폴리머 기반의 전도성 재료는 주로 전도성을 가지는 고분자 재료를 용융방사하거나 혹은 일반 원사에 코팅함으로써 전도사를 제조한다. 대표적인 전도성 고분자는 폴리에틸렌 다이옥시 싸이오펜:폴리스티렌 설포네이트(PEDOT:PSS), 폴리피롤(PPYs), 폴리아닐린(PANI) 등이 있다. 하지만 전도성 고분자 섬유는 습도, 온도, 빛 등의 환경적 요인에 의해 제품의 안정성이 떨어져 신뢰성이 저하된다는 문제가 있다. 또한 생산 시 복잡한 공정과 높은 개발 비용으로 인해 대량생산이 어렵고 자수, 편직, 봉제 등의 기존 섬유 공정에 직접 적용하기 어려워 지속적인 연구가 필요한 상황이다.

잉크 기반 전도성 재료

잉크 기반의 전도성 재료는 전도성 잉크를 용매와 혼합하여 섬유 형태로 만들거나, 기재에 도포한 뒤 건조하는 프린팅 방식으로 제조한다. 대표적인 전도성 잉크 재료로는 탄소나노튜브(CNT), 그래핀(graphene), 은(silver) 등이 있다. 공정이 단순한 프린팅 기법을 활용하면 센서 혹은 전극을 빠른 시간 내에 대면적으로 제작할 수 있다는 장점이 있다. 일반적으로 표면에 요철이 많은 직·편물 기재에 코팅할 경우, 기재의 연신이나 수축 등의 물리적인 변형에 의해 프린팅된 표면에 크랙(crack)이나 박리가 쉽게 발생하므로 움직임이 많은 스포츠용 스마트 의류 제품으로 활용하기는 어렵다는 단점이 있다. 이러한 문제를 해결하기 위해 프린팅층 표면에 열가소성 폴리우레탄 필름(TPU)을

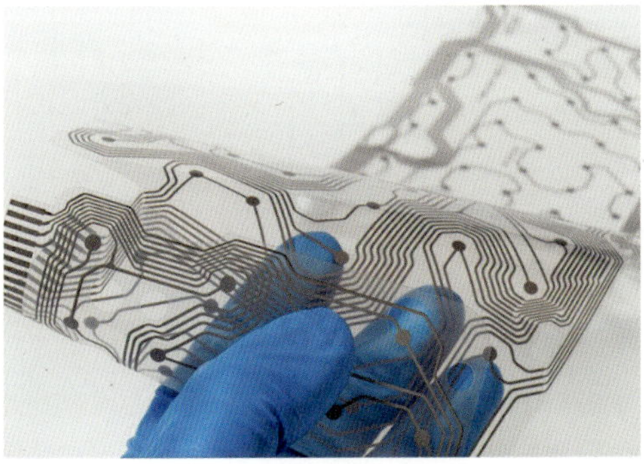

(a) 탄소 기반 잉크

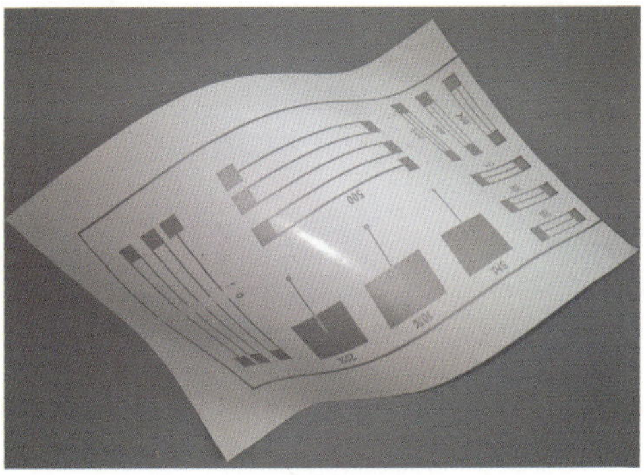

(b) 은 기반 잉크

그림 1-8 전도성 잉크 기반 재료

(출처: (a)–https://stock.adobe.com,
(b)–https://www.dzptechnologies.com/f0581)

열접착하면 물리적 변형으로부터 전도성 잉크층의 형태를 보존할 수 있다. 하지만 신체 접촉 시 끈적임이나 피부를 자극시키는 원인이 되기도 해 생체신호 수집용 센서와 같이 신체와 접촉이 필요한 제품으로 활용하기에는 어려움이 있다.

텍스타일 기반 전도성 재료

텍스타일 기반의 전도성 재료는 일반적으로 전도사(conductive yarn)와 이를 활용해 섬유 및 텍스타일 형태로 만든 것을 의미한다. 전도사는 전도성을 가지는 실(yarn)을 의미하며, 좋은 전기적 특성을 지닌 금속 소재를 얇고 긴 필라멘트 형태로 만들거나 전통적인 실에 금속물질을 코팅하거나 혼합하여 제조한다. 이러한 전도사는 전자섬

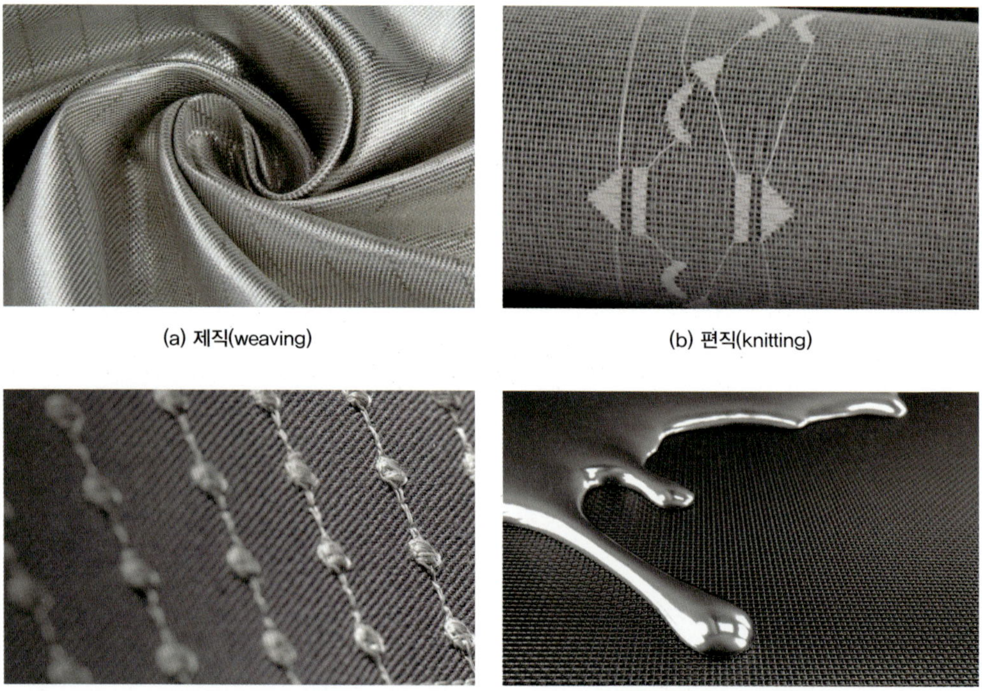

(a) 제직(weaving)　(b) 편직(knitting)　(c) 자수(embroidering)　(d) 코팅(coating)

그림 1-9 다양한 전도성 텍스타일의 제조방법

(출처: (a)-https://mww.xsilveryarn.com/silver-copper-plated-fiber/the-silver-fabric/conductive-silver-plated-fabric-for-fencing.html,
(b)-https://www.innovationintextiles.com/overcoming-the-barriers-of-etextile-production,
(c)-https://www.amann.com/products/product/silver-tech,
(d)-https://www.tevonews.com/dyes-finishing-news/262-liquefied-aluminium-for-conductive-textiles)

(a) ZSK 자수 전자섬유(ZSK embroidered e-textiles) (b) 의료 목적용 스마트 양말(Siren diabetic socks)

그림 1-10 자수와 편직 기법을 활용하여 제작한 전도성 텍스타일

(출처: (a)–https://www.zsk.de,
(b)–https://techcrunch.com/2020/05/27/siren-raises-11-8m-for-its-limb-saving-smart-socks)

유의 주요 구성요소로 작용하여 전자부품을 직물에 원활하게 통합할 수 있도록 도움을 준다.

전자섬유는 일반적으로 전도사를 활용하여 제직, 편직, 자수하거나 전도성 잉크로 코팅, 프린팅하여 만든 텍스타일을 의미한다. 실 형태인 전도사를 활용할 경우에는 자수, 봉제, 제·편직, 브레이딩 등의 전통적인 의복 제작 공정에 직접적으로 적용이 가능해 전자섬유 내의 전극, 센서, 배선 등을 텍스타일 재료만(textile only)으로 제작할 수 있다는 장점이 있다. 특히 자수와 편직 기술을 활용하여 온도, 호흡 등을 측정할 수 있는 섬유형 센서를 제작하거나 심전도, 근전도 등의 측정이 가능한 섬유형 전극을 제작하는 연구가 활발히 진행되고 있다.

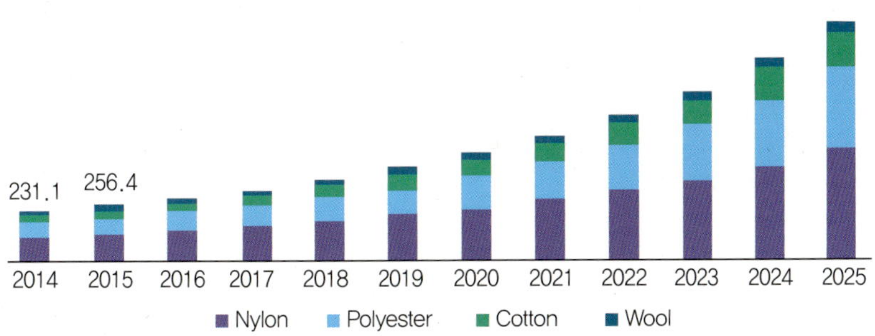

그림 1-11 재료별 미국 전자섬유 시장규모(USD Million)

(출처: https://www.grandviewresearch.com/industry-analysis/conductive-textiles-market)

세계 전자섬유 시장은 스마트 웨어 산업에서의 전자섬유에 대한 수요 증가가 2018년 약 13억 달러에서 2025년까지 연평균 16.5%의 성장률을 보일 것으로 추정된다. 이는 고도의 기술을 요구하는 스마트 의류 산업의 수요에 의한 것으로, 이러한 스마트 의류들을 제작하기 위해서는 기본적인 전도성 섬유와 같은 기초 재료가 필수적이므로 이에 따른 전자섬유 시장도 확대될 것으로 기대된다.

1.3 전도사의 종류 및 제조방법

전도사는 스마트 의류에서 전력을 공급하거나 입출력 신호를 전달하며 센서 제작에 사용되는 등 다양한 기능을 수행하는 핵심 소재이다. 일반적인 전자기기에서 전선, 전극, 회로 등 전자부품이 수행하는 역할을 섬유에서는 더욱 유연하고 착용감이 우수한 전도사가 대체할 수 있다. 또한 전도사는 스마트 의류를 제조하는 가장 기초가 되는 소재로 전도사의 특성 및 품질은 스마트 의류의 품질에 큰 영향을 미친다. 현재 세계적으로 상용화 단계에 있는 전도사 제조기술은 스테인리스 스틸 방적이나 금속을 와이어 형태로 제조하는 방법(금속 와이어), 폴리에스터와 같은 일반 고분자 섬유에 전도성 물질을 함유시키거나 코팅하는 방법(코팅 전도사), 코팅된 전도사를 일반 섬유와 함께 합연하는 방법(합연사) 등이 알려져 있다.

스마트 웨어를 제조하기 위한 가장 효과적이며 경제적인 방법은 전통적인 의복 제작 공정을 최대한 활용하는 것이다. 금속 와이어나 탄소사의 경우에는 소재의 강직성으로 유연성이 떨어져 착용자에게 불편함과 이물감이 크게 느껴진다. 코팅 전도사는 전통적인 나일론 실 표면에 수~수백 나노미터 정도의 얇은 금속층을 코팅한 형태이므로, 유연성을 유지하면서 전도성을 가지기 때문에 스마트 의류 제작에 상당히 유리한 물성을 가진다. 따라서 이를 응용해 전자섬유의 유연한 회로나 전극을 제작하거나 생리신호 측정이 가능한 모니터링용 스마트 의류까지 만들 수 있다.

(a) 금속 와이어 (b) 코팅 전도사 (c) 합연사

그림 1-12 다양한 전도사의 종류

(출처: (a)-http://ko.ccawire.com/15a-manufacturer-enameled-copper-clad-aluminum-wire-cca-wire-for-motor-transformer-product,
(b)-https://www.amazon.co.jp/-/en/2-cylinder-silver-anti-static-conductive-silver-plated/dp/B09TQK6WC1,
(c)-https://www.amann.com/products/product/silver-tech-plus)

금속 와이어(metal wire)

금속 와이어는 일반적으로 스테인리스 스틸(stainless steel) 방적사, 알루미늄(aluminium), 구리(copper)와 같은 금속재료를 얇고 긴 필라멘트 형태로 만든 것이다. 금속으로만 이루어지거나 일반사 재료와 일부 혼합하기도 한다. 주로 직물 표면에 와이어를 고정하는 자수 기법인 TFP 공정을 통해 자동차 시트 속 열선 회로 제작에 활용되고 있다. 이러한 금속 와이어는 일반적으로 높은 전도도와 낮은 저항으로 전기신호를 효과적으로 전달할 수 있지만, 금속의 낮은 탄성과 신장성으로 인해 딱딱하며 낮은 신축성으로 인해 니트나 봉제 등의 전통적인 의류 공정에는 적용이 어렵다.

그림 1-13 구리 와이어

(출처: https://copperkings.co)

코팅 전도사(coated conductive yarn)

코팅 전도사는 전통적인 실 표면에 전도성 물질을 코팅하여 전기적인 연결을 제공한다. 전도성 실을 제조하기 위해 사용하는 전통적인 실은 주로 나일론, 폴리에스테르 소재가 사용된다. 전도성 재료로는 은, 금, 구리 등과 같은 금속이나 PEDOT:PSS와 같은 전도성 폴리머를 사용하며 진공 증착, 스프레이 코팅, 진공 침착 등의 방식으로 코팅한다.

코팅 전도사는 전 세계적으로 일부 업체가 독점 판매하는 형태로 대부분 은 코팅 전도사가 가장 많다. 그 이유에 대해서는 기업의 코팅 전도사 생산 노하우와 밀접한 관련이 있어 공개된 내용은 많지 않지만, 금이나 구리 코팅 전도사와 비교하여 경제성과 안정성 측면에서 은 코팅 전도사가 유리한 것으로 판단된다.

이러한 코팅 전도사는 자수, 편직, 봉제와 같이 바늘을 사용하는 기존의 전통적인 의복 제조 공정에 직접 사용할 수 있다. 하지만 빠른 제조 공정에 의한 전도사와 바늘 사이의 마찰, 또는 온도나 습도와 같은 환경적인 요인들로 인해 코팅층의 마모, 박

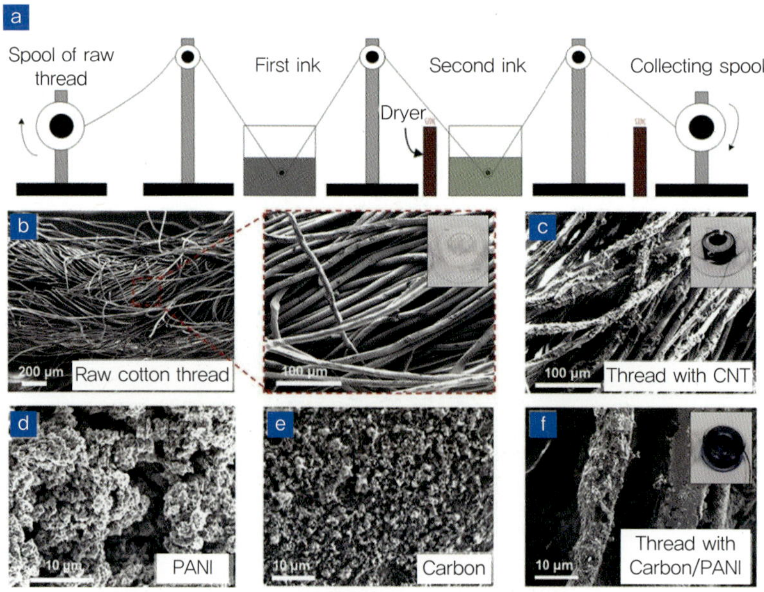

그림 1-14 코팅 공정으로 제조된 전도사의 예

(출처: Chatterjee, K., Tabor, J., & Ghosh, T. K. (2019). Electrically conductive coatings for fiber-based e-textiles. Fibers, 7(6), 51.)

리에 의한 특성 저하 문제가 지속적으로 제기되고 있다.

합연사(plied yarn)

합연사는 금속 코팅사의 낮은 기계적 특성을 개선한 코팅사와 전통사를 결합시킨 하이브리드 구조이다. 제조 공정은 전도성 실의 유형에 따라 다를 수 있지만, 일반적으로 전통적인 직물 제조 기술과 전도성 소재를 합사하는(ply) 방식이다. 이와 같이 합사된 전도사는 전통적인 원사가 가지는 유연성·신축성과 금속사와 코팅사가 가지는 전기 전도성을 모두 유지할 수 있다는 장점이 있다.

합연사의 초기 연구 단계에서는 합연 장비를 이용하여 실에 꼬임을 줄 경우 다양한 꼬임 방법을 적용하여 제작한 합연사의 물리적 특성 평가와 개선방안에 집중되는 연구 동향을 보였다. 최근까지도 합연에 대한 기초 연구나 연구 리뷰 등이 보고되고 있으나, 기초 연구보다는 합연사를 이용하여 제작된 직물 및 편물 등으로 다양한 기능성 소재를 제작하는 연구가 강세를 보이고 있다. 다시 말해 최근 급격하게 성장하고 있는 스마트 의류 산업에 맞추어 학계에서도 합연사에 다양한 기능성 소재를 도

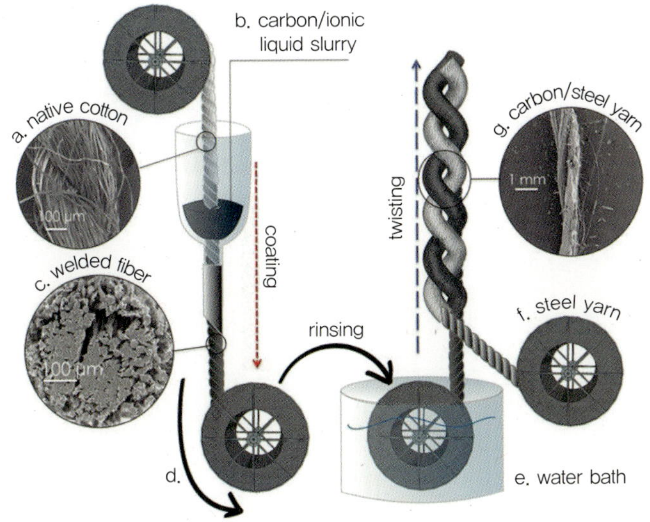

그림 1-15 합연 공정으로 제조된 전도사의 예

(출처: Abu-Thabit, N. Y., & Makhlouf, A. S. H. (2016). Smart textile supercapacitors coated with conducting polymers for energy storage applications. Industrial Applications for Intelligent Polymers and Coatings, 437-477.)

입하여 특성을 개선시키거나 센서, 에너지 저장소자와 같은 새로운 응용분야에 합연사를 적용시키는 연구들이 진행되고 있다.

1.4 전자섬유의 활용분야

스마트 섬유 산업을 보면 국내외 많은 업체에서 스마트 웨어러블 관련 제품을 출시하고 있는 상황이다. 현재 세계적인 스마트 섬유의 선도 기업은 미국의 Sensoria, Owlet, Siren Care, 캐나다의 Hexoskin, 일본의 Toray, Teijin Frontier 등이 있으며, 이들은 전자섬유와 관련된 원천기술을 확보하여 세계 시장을 선도하고 있다. 특히 스마트 섬유 제품이 가장 활발하게 등장하고 있는 스포츠 및 피트니스 분야의 경우 Nike, Adidas 등의 글로벌 브랜드보다 Athos, Sensoria, Hexoskin 등의 스타트업이 다양한 제품군으로 시장 성장을 주도하고 있는 것으로 파악된다. 지금까지 출시되거나 개발된 전자섬유의 활용분야는 그 기능에 따라 스포츠 및 피트니스, 의료 및 헬스케어, 군사, 패션 등 다양하다.

스포츠 및 피트니스(sports & fitness)

스포츠 및 피트니스 분야는 성장하는 전자섬유를 가장 먼저 활용하기 시작한 분야 중 하나이다. 이 분야의 기술과 제품들은 생리학적 모니터링을 이용해 운동선수의 경기력 향상을 위한 훈련 방식에 극적인 변화를 불러올 수 있는 잠재력을 가지고 있다. 측정을 위한 센서로는 크게 스트레인 센서, 정전용량 센서, 온·습도 센서 등이 있으며, 전자섬유와 일체화되어 심박수, 땀, 호흡수, 근육의 긴장상태, 사용자의 자세, 위치, 환경온도, 체온 등의 데이터를 수집한다.

주요 스포츠 웨어 브랜드가 여러 전자섬유 제품을 시장에 출시하였으며, 이 전자섬유 제품 시장은 확대되고 있다. 그림 1-16은 Sensoria의 스마트 양말로, 내장된 직물 기반 센서를 통해 운동선수가 이동한 거리, 속도, 걸음수를 모니터링할 수 있으며,

부상을 방지할 수 있는 착지 동작을 식별하는 데 도움을 줄 수 있다. Hexoskin의 스마트 셔츠는 혈압, 피부 온도, 호흡 속도, 혈중 산소 수준 등을 모니터링할 수 있으며, Emglare의 스포츠 웨어는 착용자의 심박수와 심전도 데이터를 수집할 수 있다. 수집한 정보는 스마트폰 애플리케이션과 연동되어 가시적인 정보로 변환되며, 이를 통해 착용자는 본인의 운동 상태를 점검하고 개선해나갈 수 있다.

스포츠 및 피트니스 분야 제품의 대부분은 전문적인 관리를 필요로 하는 운동선수를 대상으로 개발되기 시작하였으나, 점차 일반인의 취미 영역까지 확장되어 헬스 트레이닝, 요가, 필라테스를 할 때 착용할 수 있는 개인용 스마트 운동복도 출시되었다. 이 운동복은 주로 근육의 활성도를 측정할 수 있는 EMG 전극이나, 근육에 전기자극을 줄 수 있는 EMS 전극을 포함하여 운동자세를 분석하고, 전기 자극을 통해 운동효과를 극대화할 수 있어 큰 관심을 받았다. 선수용 제품은 시장규모는 작지만 가격에 민감하지 않으므로 잠재적인 성장률을 보이는 반면, 일반인용 제품은 가격경쟁력은 다소 떨어지지만 활용도가 높고 시장규모가 커서 향후 성장이 기대되는 영역이다.

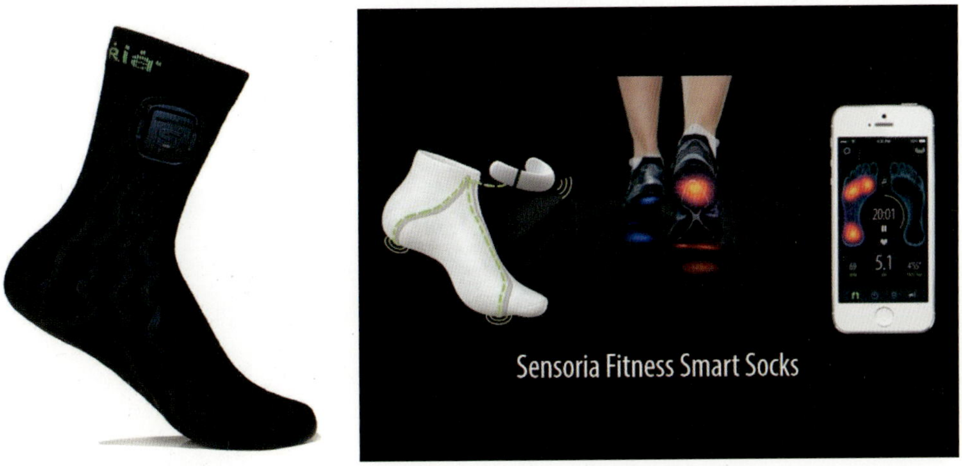

(a) 스마트 양말 (b) 족적 분석 시스템

그림 1-16 전자섬유를 이용한 Sensoria의 족적 분석용 스마트 양말

(출처: https://www.sensoriafitness.com)

의료 및 헬스케어(medical & healthcare)

고령화로 인하여 건강에 대한 인식이 치료 목적에서 예방 목적으로 변화하면서 스스로의 건강상태를 진단하고 치료할 수 있는 헬스케어 기술에 대한 관심이 뜨겁다. 헬스케어용 전자섬유는 바이오피드백, 상처치유 기술, 생체신호 모니터링 기술 등을 포함한다. 전자섬유를 통해 수집된 환자의 체온, 심박수, 혈압 등의 데이터를 활용하여 환자를 원격으로 확인하거나 위급상황 발생 시 환자의 위치를 의료진에게 알려줌으로써 고독사를 방지할 수 있다.

당뇨병 환자를 위해 개발된 Siren의 스마트 양말은 온도센서를 내장하고 있어 여러 지점에서 발의 온도를 모니터링하고, 이상 온도변화가 감지될 시 사용자에게 경고가 생성된다. Owlet의 스마트 양말은 영아의 심박수, 혈중 산소 수준, 수면 흐름 등을 모니터링할 수 있는 제품이다. 이 양말에서 수집된 정보는 모바일 애플리케이션으로 확인할 수 있어, 영아의 건강한 수면 습관 형성과 더불어 건강한 영아가 이유 없이 수면 중에 사망하는 영아 돌연사 증후군(SIDS)을 예방할 수 있다. 이와 같은 의료 및 헬스케어 제품은 질병에 대한 전문적인 지식과 정확한 측정 기술이 융합되어야 하므로 의료기기 선진기업과 전자섬유 벤처기업의 긴밀한 협력이 필수적으로 요구되는 분야이다.

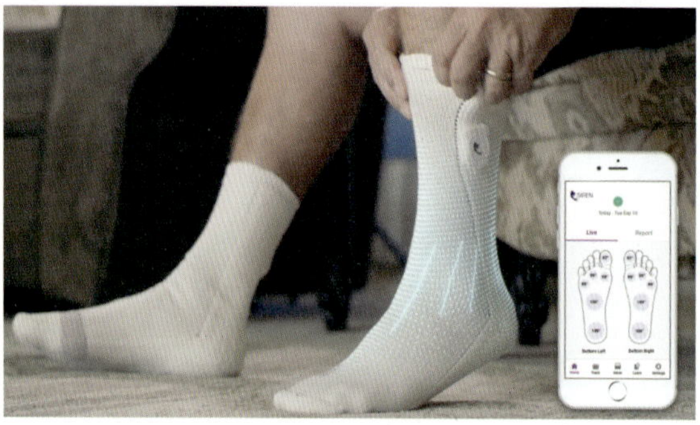

(a) 의료 목적용 스마트 양말
(Siren diabetic socks)

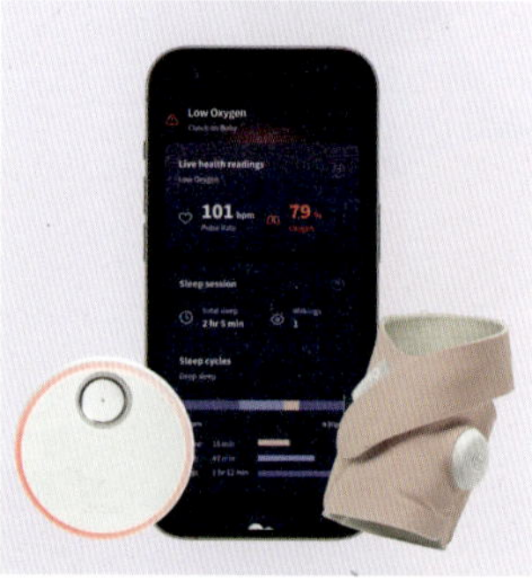

(b) 수면 모니터링용 스마트 양말
(Owlet smart socks)

그림 1-17 모니터링용 스마트 양말

(출처: (a)–https://techcrunch.com/2020/05/27/siren-raises-11-8m-for-its-limb-saving-smart-socks, (b)–https://owletcare.com/products/owlet-dream-sock)

군사(military)

스마트 직물을 사용하기 시작한 최초의 영역은 바로 군사 분야로, 독립적인 전자 장치를 옷에 통합하여 스마트 직물을 만들었다. 그리고 해당 기술의 신뢰성과 기술력을 발전시켜 현재의 전자섬유 제품들이 성장할 수 있는 기반을 마련하였다고도 할 수 있다. 군사 관련 개발품들은 보안이 필수적으로 요구되어 대부분 공개되지 않았으나, 그중 데이터가 공개된 일부 발명품은 다음과 같다.

도쿄 대학에서 빛을 반사할 수 있는 나노입자를 사용하여 투명 망토를 개발하였다. 투명 망토는 직물 뒷면에 장착된 카메라를 통해 기록된 뒤쪽 풍경이 나노입자를 통해 내보내져 착용자가 보이지 않는 듯한 착각을 일으킨다. 영국의 국방, 정보 보안, 항공 우주 관련 기업인 BAE Systems는 ITL(Intelligent Textile Limited)과 협력하여 Broadsword Spine이라는 전도성 실이 내장된 전력 및 데이터 네트워크를 개발하였는데, 이 제품은 기존의 전선과 케이블을 제거함으로써 제품의 무게를 40% 정도 감소시켰다. 또한 2019년에는 유럽방위청(EDA)의 STILE이라는 스마트 섬유 프로젝트를 시작하였으며, 국방용 스마트 섬유에 초점을 맞춰 미래의 요구사항을 고려해 생화학적, 방사선학적 모니터링을 포함한 다양한 기능을 갖춘 제품 개발을 진행하고 있다. 이처럼 군사 분야는 정부나 공공기관의 주도로 연구 개발이 추진되고 있어 다른 분야에 비해 상용화도 더 신속하게 일어나고 있으며, 향후 성장 잠재력도 매우 큰 분야이다.

그림 1-18 BAE Systems(좌), ITL의 Broadsword Spine(우)
(출처: 좌-https://www.soldiermod.com/volume-17/bae-systems.html,
우-https://intelligenttextiles.com/features/functionality)

패션(fashion)

오늘날 패션 트렌드는 이전보다 훨씬 빠른 속도로 변화하고 있으며, 인공지능과 IoT가 적용된 패션이 점점 일반화되며 전자섬유를 포함한 제품이 현대 패션의 주요 부분을 차지하고 있다. Shiftwear의 운동화는 패드에 내장된 충전기를 통해 걷는 동안 전기를 생성하고 무선 충전 패드를 통해 충전을 할 수 있다. 또한, 가속도계와 자이로스코프를 사용하여 사용자의 발걸음과 기울어짐을 모니터링할 수 있다. 미국의 디자이너 Christopher Bevans는 NFC 패치가 포함된 Dyne's collection을 출시하였다. 이 제품은 스마트폰을 의류에 탭하면 원단, 핏, 기능 등 의류 카탈로그에 접근할 수 있으며, 나아가 이 기능을 통해 신용카드를 대체할 수 있는 미래 제품을 구상하고 있다. 또한 Levi's의 google commuter jacket은 전도성 텍스타일 센서를 자카드 방식으로 제작하여 일상복의 스마트 의류화로 주목을 받았다. 제품 품질과 내구성에 대한 소비자의 신뢰성만 확보한다면 일상복의 시장은 전자섬유의 매력적인 활용분야가 될 것으로 기대된다.

그림 1-19 Dyne's collection의 NFC jacket

(출처: https://descript.me/dyne)

MEMO

CHAPTER

02

합연 텍스쳐링 기초

2.1 실의 정의 및 분류

합연(twisting)을 하기에 앞서 실의 정의와 분류에 대해서 살펴보고자 한다. 실이란 섬유를 원료로 만들어진 긴 연속체로서 직물, 편성물을 생산하기 위한 기본적인 재료이다. 실은 직물, 편성물, 최종 생산품의 성능과도 밀접한 관계가 있다. 어떠한 실을 선택하느냐에 따라서 촉감, 외관, 드레이프성, 내구성 등에 영향을 미치게 된다.

실은 섬유에 따라 방출방법이 다르며 보통 방적, 제사, 방사로 나누어진다. 방적이란 길이가 짧은 섬유를 모아 꼬임을 가하여 실을 만든 것이며, 대표적으로 면, 마, 양모가 있다. 제사란 누에고치를 해사하여 실을 감는 것으로, 대표적으로 견이 있다. 방사는 재료를 용융 상태나 액체 상태로 만들고, 이를 방사구와 같이 가는 구멍을 통해 압출하고 응고시켜 실을 만드는 것이다. 대표적으로는 폴리에스테르, 폴리아미드사와 같은 화섬이 있으며, 가늘고 긴 필라멘트사의 형태를 가지고 있다.

이렇게 만들어진 실은 무수한 방법으로 분류가 가능하며, 실을 정의하고 분류하는 요소로는 텍스타일 원료, 섬유장의 길이, 실의 올수나 연수, 꼬임, 굵기, 용도에 따른 분류 등이 있다. 이에 본 장에서는 섬유장의 길이, 실의 올수/연수 및 꼬임, 실의 굵기에 따라 분류하여 소개하고자 한다.

(1) 섬유장에 의한 분류

섬유장은 실의 성질에 영향을 미치는 요소 중 하나로, 짧은 섬유로 이루어진 방적사(spun/staple yarn)와 가늘고 긴 필라멘트사(filament yarn)로 크게 분류할 수 있다. 방적사는 짧은 섬유 여러 가닥을 모아 평행하게 하여 필요한 굵기의 섬유집합체에 꼬임을 주어 만들어지며, 필라멘트사는 무한히 가늘고 긴 섬유로 만들어진 실로, 필라멘트 한 올을 그대로 사용하는 모노 필라멘트사(mono-filament yarn)와 여러 올을 합쳐서 꼬임을 준 멀티 필라멘트사(multi-filament yarn)로 구분된다. 이 중 균일하고 부피가 큰 필라멘트사를 텍스쳐(textured) 벌크 필라멘트사라고 하며, 일반 필라멘트사에 비해 기공이 많고 유연하다는 특징이 있다.

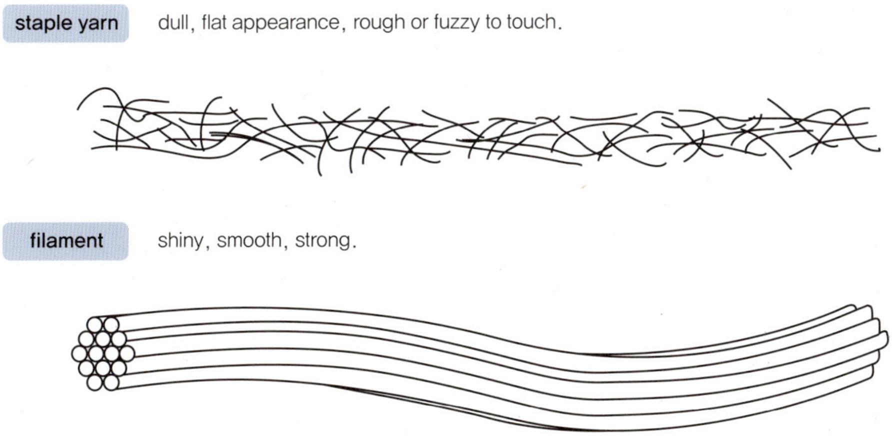

그림 2-1 방적사(상), 필라멘트사(하)

(출처: https://www.eysan.com.tw/yarn-count-filament-staple-yarn)

(2) 실의 올수/연수 및 꼬임에 의한 분류

실의 올수/연수에 의한 분류

실의 올수에 따라서 크게 단사(single yarn)와 합연사(plied yarn, cord yarn)로 분류할 수 있다. 단사(single yarn)는 한 가닥으로 이루어진 실로, 방적과정에서 첫 번째 꼬임을 주면서 생산되는 실을 일컫는다. 합사(plied yarn)는 2개 이상의 단사를 합쳐 서로 꼬아 더 강한 실을 만드는 공정으로, 합사에서의 각 부분을 플라이(ply)라고 부르

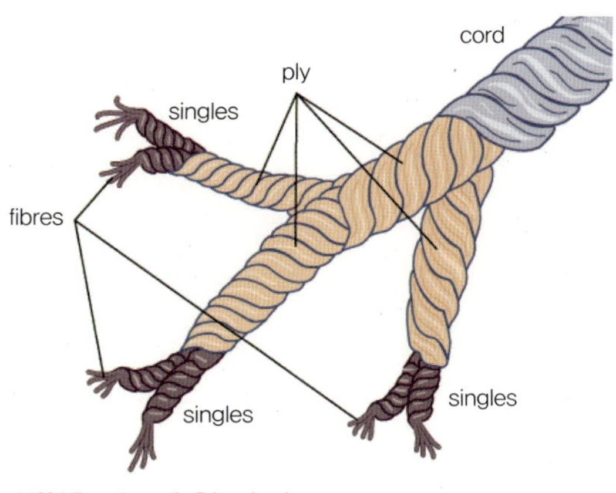

그림 2-2 실의 올수/연수에 의한 분류

(출처: https://www.britannica.com/topic/textile/Types-of-yarn)

며, 가닥의 개수에 따라 2-ply, 3-ply라고 명칭한다. 이때 플라이를 연사하는 기계를 연사기라고 부른다. 대부분의 합사는 단사의 꼬임방향과 반대 방향으로 꼬임을 주며, 이는 실의 직경, 강력, 균제성, 품질 등을 향상시킨다.

코드사(cord yarn)는 세 번째 연사 공정을 거친 실로, 합사된 실을 다시 합연하여 만든 실을 의미한다. 일반적으로 재봉사나 로프 등이 코드사로 제조된다.

실의 꼬임에 의한 분류

실의 꼬임(yarn twist)은 실의 축을 따라 섬유가 나사선 방향으로 배열되어 있는 것으로, 실의 한쪽 끝은 고정하고 다른 한쪽을 회전하여 만들어진다. 꼬임에 영향을 주는 요소는 꼬임방향과 꼬임수이며, 이에 따라 다양한 태와 물성을 가지는 실을 제조할 수 있다.

• 꼬임방향

실의 꼬임방향은 S 꼬임인 '우연', Z 꼬임인 '좌연'으로 나타낸다. S 꼬임은 오른쪽 아래에서 왼쪽 위로 올라가는 방향으로 되어 있는 꼬임이며, Z 꼬임은 그 반대이다. 실의 꼬임의 방향은 실의 종류 및 용도에 따라 다르지만, 단사의 경우 일반적으로 면사

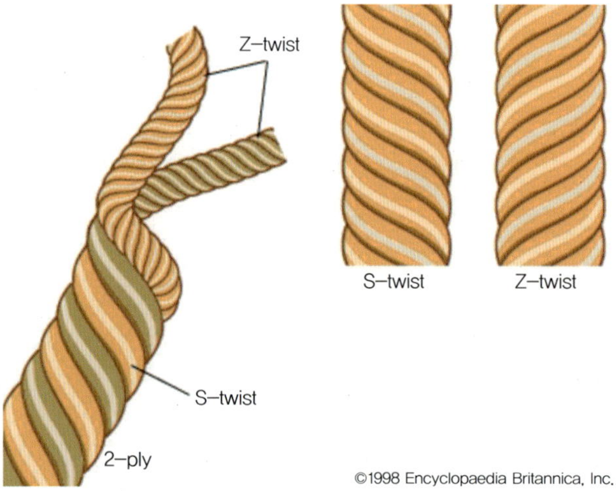

그림 2-3 실의 꼬임에 의한 분류

(출처: https://www.britannica.com/topic/textile/Types-of-yarn)

는 Z 꼬임, 모사는 S 꼬임을 많이 사용한다. 또한 합연사에서 단사가 가지고 있는 꼬임을 하연이라 하고, 하연과 합연되는 실에 부여되는 하연과 반대 방향의 꼬임을 상연이라고 한다.

• 꼬임수

꼬임수는 섬유의 길이, 실의 굵기, 사용하는 목적에 따라 다르게 준다. 꼬임수가 증가하면 섬유 간의 결속력이 커지며, 이에 따라 실의 강도가 증가하게 된다. 그러나 과도하게 꼬임을 줄 경우, 실의 축에 대해 섬유가 직각으로 눕게 되면서 섬유 사이에 전단거동이 발생하게 되어 실의 강도가 오히려 저하되게 된다.

꼬임수는 강도뿐만 아니라 착용감에도 영향을 주는 요소이다. 꼬임수가 증가하게 되면 섬유의 밀도가 증가하면서 단단해지고 실 표면의 잔털(hairiness)이 감소하게 되어 피부에 닿았을 때 비교적 거칠고 까슬거리는 촉감을 느끼게 된다. 반면 꼬임수가 감소하게 되면 섬유의 밀도가 비교적 성글고 잔털이 많아 벌키한 실이 만들어지며, 이는 피부와 접촉하였을 때 부드럽고 포근한 촉감을 느끼게 한다. 또한, 꼬임이 많아질수록 실의 광택이 줄어드는 경향을 보인다.

실의 꼬임수는 단위 길이당 꼬임수로 나타내고, 꼬임수/인치(TPI, Turns Per Inch) 또는 꼬임수/미터(TPM, Turns Per Meter)로 표시하며, 최근에는 TPM으로 통일되어 가고 있는 추세이다.

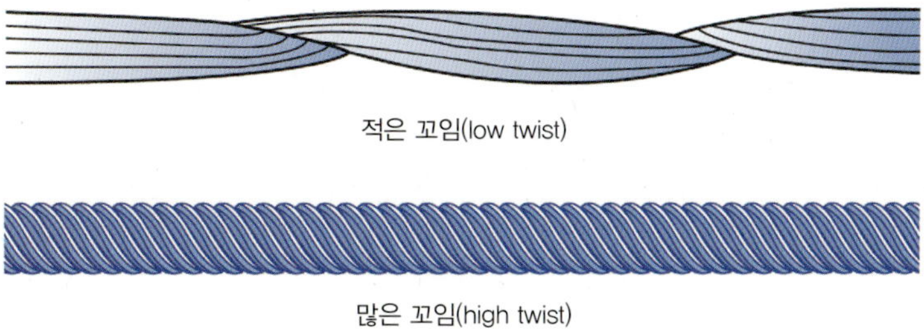

적은 꼬임(low twist)

많은 꼬임(high twist)

그림 2-4 꼬임수에 따른 합연사의 이미지

(출처: Sara J. Kadolph, 텍스타일(제10판), 시그마프레스, 2015, p.214)

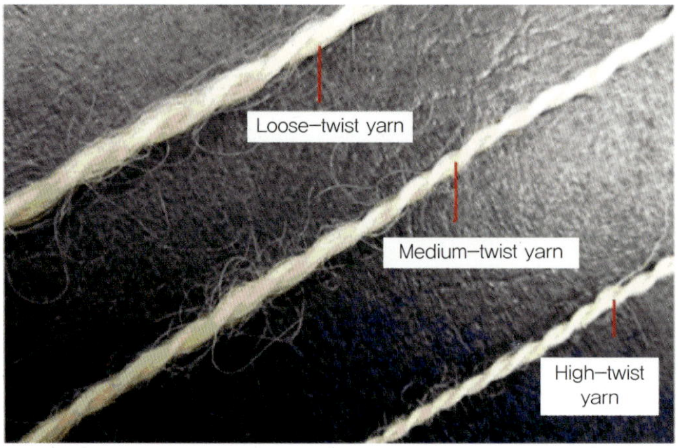

그림 2-5 꼬임 정도에 따라 제조된 실의 이미지

(출처: https://ebrary.net/85853/engineering/yarn_properties)

(3) 실의 굵기에 의한 분류

실의 굵기로 필라멘트사는 단위 길이당 무게, 방적사는 단위 무게당 길이로 나타낸다.

실의 번수(yarn number)

실의 번수는 실의 굵기나 가늘기를 나타내는 것으로, 방적사의 경우 정의된 무게나 길이가 실의 종류에 따라 다르게 표현된다. 면사 시스템을 예로 들면, 방적사의 경우 실의 굵기가 가늘어지면 굵기를 나타내는 숫자는 커진다. 이에 70수는 가늘고 20수는 굵은 것을 의미한다.

데니어(denier)

필라멘트사의 굵기를 표시하는 데니어는 매끄러운 필라멘트사나 텍스쳐사 모두에서 사용한다. 필라멘트사의 굵기는 실에 있는 각 섬유의 굵기와 필라멘트사를 구성하는 섬유의 개수로 나타낸다. 필라멘트 섬유와 필라멘트사의 굵기는 단위 길이당 무게로 표시하며, 섬유와 실의 데니어는 9,000 m당 섬유나 실의 무게로 나타낸다. 이에 숫자가 작아지면 실이 가는 것을 의미한다. 데니어를 표시하는 방법은 다음과 같다.

필라멘트의 굵기 / 필라멘트의 수

텍스(tex)

국제표준화기구에서는 모든 실에 같은 방법을 적용하여 실의 굵기를 나타내는 텍스 시스템을 채택하였다. 텍스는 실 1,000 m에 해당하는 실의 무게를 나타낸다.

2.2 합연 기술의 정의 및 목적

합연이란 두 올 이상의 단사를 합사한 후 꼬임을 주는 것으로, 섬유 가닥의 한쪽 끝을 잡고 다른 쪽 끝을 돌려 실을 형성하는 과정이다. 이때 한 방향으로 꼬인 단사와 반대 방향으로 꼬인 단사를 결합하여 만들어진다.

합연의 목적은 섬유장에 따라서 상이하다. 방적사의 경우 짧은 섬유들 간에 서로 미끄러짐을 방지하기 위해서이며, 필라멘트사의 경우에는 멀티 필라멘트로 제조 시

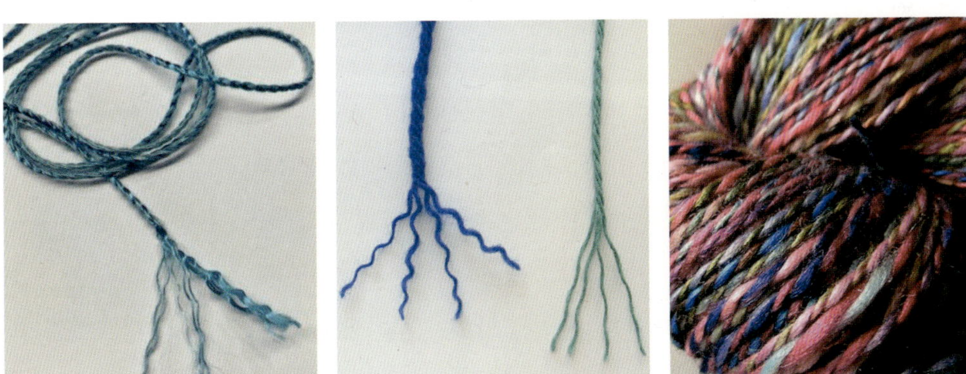

그림 2-6 합연사의 샘플 이미지

(출처: 좌·중–https://www.madeinamericayarns.com/2021/06/straight-yarn, 우–https://tragate.com/twisted-yarn-1149/product)

표면이 매끄러운 특성을 가지는 모노 필라멘트사를 제어하고 생산 공정에서의 결함을 방지하기 위해 적용되고 있다.

또한 합연은 실의 직경, 강력, 균제성, 품질을 향상시키기 위해 이루어지는 것으로, 주로 단사로만 제조되거나 최종 제품을 제작하였을 때 필요로 하는 요구조건을 충족시키지 못하는 경우 이를 향상시키기 위해 사용된다. 이는 앞서 설명하였던 실의 특성 중 꼬임 요소들과 밀접한 관련이 있다. 실의 직경과 강도, 유연성은 실의 꼬임 정도에 따라 조절할 수 있으며, 실의 개수와 데니어에 따라서도 제작하고자 하는 직물의 직경 및 두께 등을 조절할 수 있다. 일반적으로 꼬임수가 많아질수록 강도는 강해지고 빳빳한 실이 제조되며, 꼬임수가 적을수록 강도는 약하지만 유연한 실을 제조할 수 있다.

합연은 사용되는 실의 종류나 색상에 따라서 다양한 색상을 내는 실로 제작이 가능하므로 심미적인 효과도 줄 수 있다. 또한, 꼬임 정도에 따라 다양한 질감 및 촉감을 조절할 수 있다.

2.3 합연 장비의 종류

합연 장비는 합연하는 방법에 따라 ① 회전 패키지로부터 실을 상부에서 인출시키면서 합연이 이루어지는 방식인 상향식(업 트위스팅, up twisting), ② 고정 패키지로부터 풀려나오는 실을 회전보빈에 합연 권취하는 방법인 하향식(다운 트위스팅, down twisting)으로 나눌 수 있다.

대표적인 상향식 합연 장비는 ① 스핀들 1회전으로 2회의 꼬임이 주어지는 더블 트위스터와 ② 롤러의 속도와 특성에 따라 여러 가지 유형의 원사 제조가 가능한 이태리 연사기가 있으며, 하향식 합연 장비로는 ③ 스핀들에 삽입되어 있는 권사체에 실을 권취하면서 합연하는 링 연사기가 있다. 각 연사기의 작동 원리와 특징은 다음과 같다.

(a) 상향식

(b) 하향식

그림 2-7 합연 장비의 종류

(출처: (a)–https://galan.es/en/up-twister-2x1-en,
(b)–https://galan.es/en/pr-en)

상향식 합연 장비

• 더블 트위스터(double twister)

더블 트위스터의 작동 원리는 다음과 같다. 정지된 패키지(A)로부터 공급된 원사가 텐셔너(B)를 거쳐 L자형 파이프 속을 관통하게 된다. 파이프를 1회전하면 텐셔너(B)와 디스크(C) 사이에서 1회, 디스크(C)와 스냅가이드(D) 사이에서 1회로 총합 2회의 꼬임이 걸리게 된다. 더블 트위스터는 일반적으로 최대 패키지 2.5 kg, 실용회전수 10,000 rpm의 성능을 가진다. 스핀들 1회전에 대해서 2회의 꼬임이 가해지기 때문에 생산성이 높으며, 벌룬 장력의 변동이 적고, LP(Large Package)화에 의해서 작업성이 증가한다는 이점이 있다. 그러나 실 걸기 조작이 보다 번잡하고, 소비전력이 크며, 설비비가 고가라는 단점이 있다.

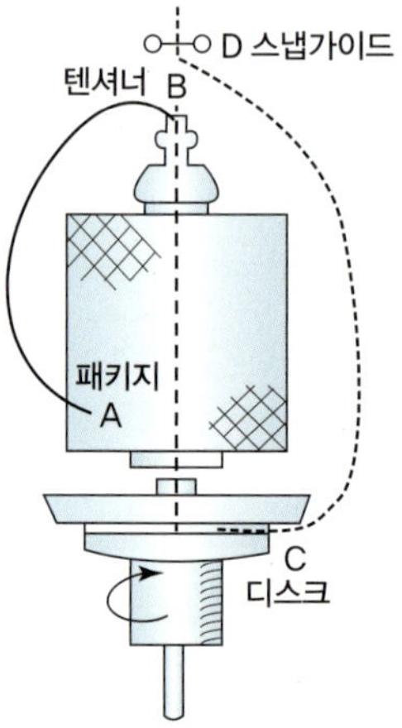

그림 2-8 더블 트위스터의 작동 원리

(출처: http://www.textilesol.kr/upload_file/T_TEXTILE_BOARD_NEW/S10000000334_0.pdf)

• 이태리 연사기(fancy yarn twister)

스핀들에 삽입되어 있는 급사체로부터 실을 압출하면서 합연하는 방식을 가진 연사기로, 롤러의 속도와 특성에 따라 여러 가지 유형의 원사 제조가 가능한 연사기이다. 이는 필라멘트사 분야에서 쓰이는 비중이 압도적으로 큰 편이다. 소형의 패키지를 사용하므로 소비전력이 적어서 전력비가 적게 들며, 다품종 소량 생산이 가능하다. 그러나 소형이라는 점으로 인해 패키지가 금방 권취되어 교환의 빈도가 높아 성력화가 어렵다는 단점이 있으며, 실을 끌어서 보빈에 감는 플라이어에서 실의 마찰로 인해 고속 회전의 어려움이 있다.

하향식 합연 장비

• 링 연사기(ring twister)

링 연사기는 스핀들에 삽입되어 있는 권사 본체에 실을 권취하면서 합연하는 것으로, 방적사에 주로 사용되고 있는 장비이다. 원사 공급 시에 공급사가 어떠한 형태로 감

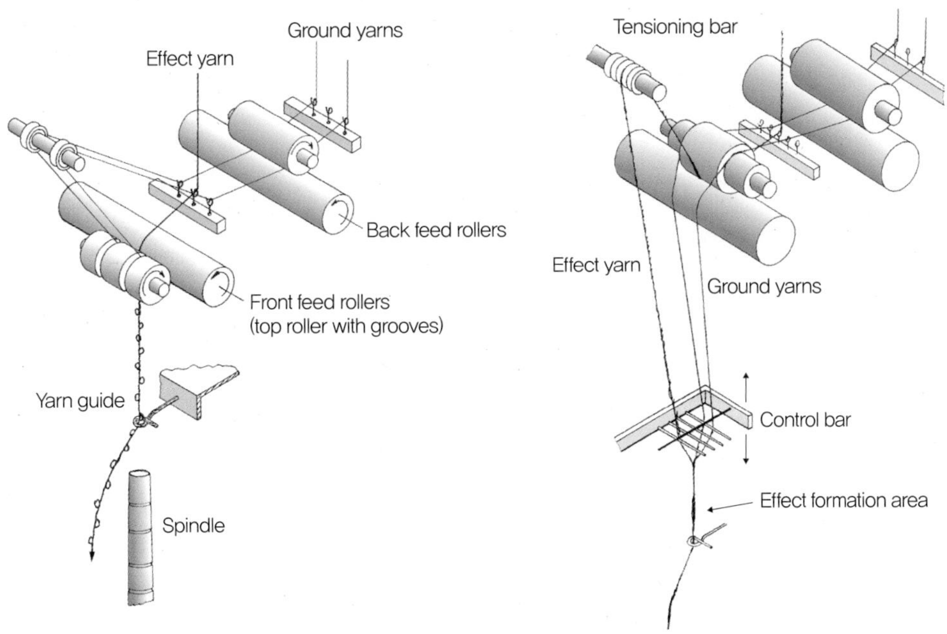

(a) 루프 타입(loop yarn type)

(b) 매듭 타입(knop yarn type)

그림 2-9 이태리 연사기의 작동 원리

(출처: https://www.textiletoday.com.bd/basic-idea-fancy-yarn)

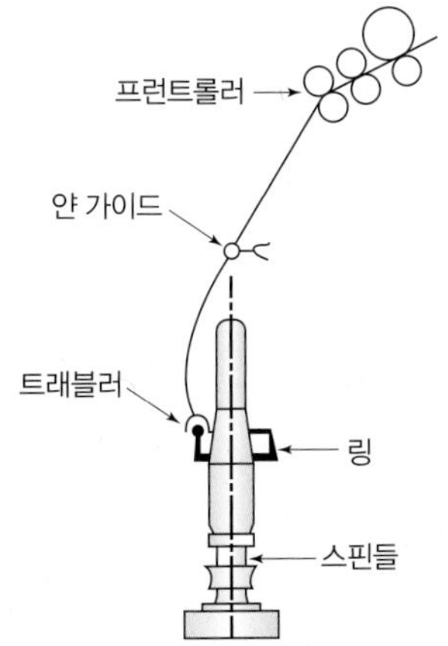

그림 2-10 링 연사기의 작동 원리

(출처: http://www.textilesol.kr/upload_file/T_TEXTILE_BOARD_NEW/S10000000334_0.pdf)

겨 있어도 사용이 가능하며, 재권사를 하지 않아도 된다는 장점이 있다. 트래블러의 사용으로 연사 장력이 높아 권취편의 경도가 높아지기 쉬우며, 높은 장력으로 인해 강연에는 부적합하다. 또한 링레일(ring rail)의 상하운동에 의해 벌룬 장력의 변동이 크다. 이에 공급부터 권취까지 공정 전반에 걸쳐서 장력을 조절하는 것이 중요하다.

위 세 가지 합연 장비의 주요 성능은 표 2-1과 같다.

표 2-1 각종 합연 장비의 주요 성능

구분	더블 트위스터	이태리 연사기	링 연사기
스핀들 속도(rpm)	8,000~15,000	6,000~12,000	4,000~10,000
패키지 중량(kg)	1.0~3.5	0.1~1.0	0.1~0.2
꼬임 범위(tpm)	140~4,000	180~3,900	50~1,000
데니어 범위(d)	30~300	50~150	30~300
연사 속도(m/min)	~200	~100	~150
소비전력(WH/추)	60~130	4~90	50~110
가격	고	저	중

2.4 합연사의 종류 및 특성

2.1에서 소개한 것과 같이 합연사는 실에 꼬임을 준 것으로, 꼬임수에 따라 실의 직경, 강력, 균제성 등이 상이한 합연사를 제조할 수 있다. 합연사는 주로 봉제사나 장식사에 사용되며, 이들의 종류와 특성을 알아보고자 한다.

봉제사(sewing thread)

봉제사는 재봉틀이나 재봉기에 사용되는 실을 의미하며, 여러 가지 굵기와 구조를 가지고 있다. 대표적인 봉제사의 종류로는 합연사, 코드사, 케이블사, 텍스쳐드사, 필라멘트사, 모노필라멘트사, 방적사 등이 있다. 봉제사는 마찰과 응력에 잘 견디고, 고속의 재봉틀에서 요구되는 취급성으로 인해 종종 윤활제나 왁스 등으로 처리한다. 봉제사는 매우 다양한 섬유와 섬유의 혼방, 혼섬 등으로 사용되며, 사용처와 요구되는 속성에 따라 달라진다. 봉제사에서는 실의 두께를 '수', 실의 꼬임수를 '합'으로 일컫는다. 예를 들어 40S/2는 40수의 실을 2번 꼰 것, 60S/3은 60수의 실을 3번 꼰 것을 의미한다.

장식사(fancy yarn)

장식사는 의도적으로 실의 각 부분을 다르게 만들고 규칙적으로 불균일하게 만든 실이다. 장식사는 단사, 합사, 코드사로 만들 수 있고 방적사, 필라멘트사, 텍스쳐사 등

표 2-2 장식사의 종류 및 특성

올수	장식사의 종류	구조	특성
1-ply	슬럽사 (slub yarn)		한 가닥의 실에서 꼬임의 양을 부분적으로 달리해서 실의 굵기가 불균일한 형태의 실
	TT사 (Think & Thin yarn)		필라멘트 방사과정에서 방사속도와 연신을 달리하여 굵기를 굵고 가늘게 변화를 준 실
2-ply or 3-ply	스파이럴사 (spiral yarn)		꼬임의 양, 굵기가 서로 다른 장식사로 보통 굵은 실이 가능 심사 주위를 감아 나선형으로 된 실
	루프사 (loop yarn)		실의 표면에 루프 모양을 나타낸 무늬실로서 루프 크기, 분포에 따라 여러 가지 효과를 나타낸 실
	브클레사 (boucle yarn)	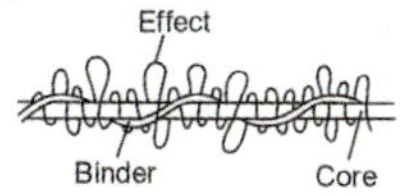	규칙적인 루프 모양의 장식이 있는 실
	라티네사 (ratine yarn)	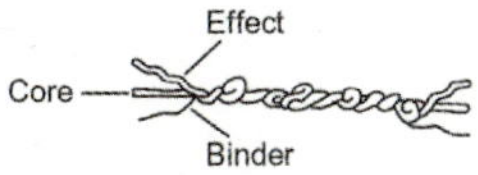	불규칙적인 루프 모양의 장식이 있는 실
	김프사 (gimp yarn)	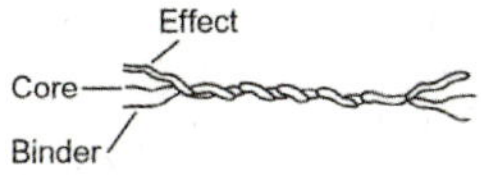	접결사를 중심으로 식서와 심사가 꼬여 묶여 있는 실
	스날사 (snarl yarn)	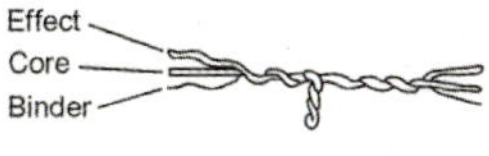	실의 길이 방향을 따라 장식 플라이가 양쪽 루프에 번갈아가며 생긴 실

(출처: https://www.sciencedirect.com/topics/engineering/fancy-yarn, http://contents.kocw.or.kr/contents4/document/lec/2012/KonKuk/SongGiSuk/9.pdf)

여러 가지 실의 조합으로 만들 수 있다. 이는 패브릭에 독특한 효과를 줄 수 있으며, 각기 다른 장력을 줄 수 있는 장치와 플라이의 공급속도를 달리하기 위한 장치가 붙어 있는 연사기에서 만들어진다. 이에 컬(curl), 꼬임(twist), 루프(loop) 등의 형태를 실의 일부분에 만든다. 그렇기 때문에 장식사는 합사와 달리 약하고 마모에 매우 민감하다. 장식사의 대표적인 종류로는 단사로 만들어지는 슬럽사, TT사, 합사로 만들어지는 스파이럴사, 루프사, 브클레사, 라티네사, 김프사, 스날사 등이 있다.

2.5 에어 텍스쳐링 기술의 정의

텍스쳐링(texturing) 기술 공정은 보빈으로부터 연신 → 텍스쳐링 → 와인딩으로 이루어진 단일 공정으로, 기존의 방적 공정에 비해 최소화된 공정이다. 텍스쳐링 기술은 크게 가연 텍스쳐링, 인터레이싱 텍스쳐링, 에어 텍스쳐링으로 분류할 수 있다.

가연 텍스쳐링은 가열 부분을 통과한 필라멘트사를 중간에서 꼬임을 준 후 냉각하

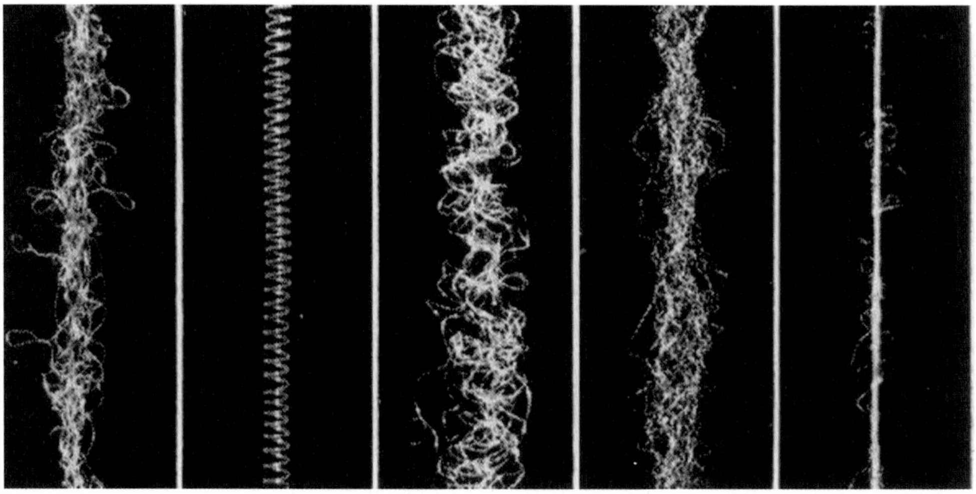

그림 2-11 벌키한 루프를 가진 텍스쳐드사 이미지

(출처: http://182.160.97.198:8080/xmlui/bitstream/handle/123456789/1301/1.%20The%20origins%20of%20texturing.pdf?sequence=2)

고, 꼬임을 풀면서 연신하는 공정이다. 인터레이싱 텍스쳐링은 원사의 진행방향에 수직한 방향으로 공기압을 쏘아 실이 풀리지 않도록 하는 공정이며, 에어 텍스쳐링은 원사의 진행방향과 비스듬한 방향으로 공기압을 쏘아 실의 엉킴을 일으켜 고정시키는 공정이다. 이 세 가지 텍스쳐링 공정 중 최신 기술 중 하나인 에어 텍스쳐링 공정에 대해서 좀 더 살펴보고자 한다.

2.6 에어 텍스쳐링 공정의 원리 및 특성

(1) 에어 텍스쳐링 공정의 원리

에어 텍스쳐링 공정(air texturing process)은 일반적으로 필라멘트 원사에 적용되는 공정으로, 원사의 진행방향과 비스듬한 방향으로 공기압을 쏘아 실의 엉킴을 일으켜 고정시키는 공정이다. 이는 장력을 가해도 벌키성을 잃지 않으므로 장력을 요구하는

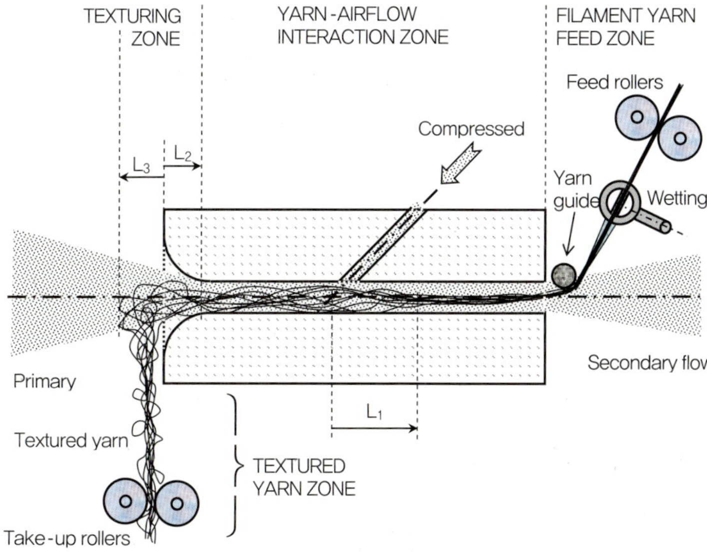

그림 2-12 에어 텍스쳐링 공정의 모식도

(출처: Textile Research Journal, Vol 76(2): 116 – 125 DOI: 10.1177/0040517506062614)

타 텍스쳐링 공정과는 무관하게 사용이 가능하다는 장점이 있다.

에어 텍스쳐링 공정은 다음과 같이 세 가지로 분류할 수 있다. 단일 공급사를 사용하거나 여러 보빈의 단일 공급사를 사용할 때의 공정인 단일 공정, 다른 종류의 공급사를 공급하면서 동일한 공급량을 공급하는 평행 공정, 그리고 다른 종류의 공급사를 각각 다른 공급량으로 공급하는 공정인 심사-효과사 공정이 있다.

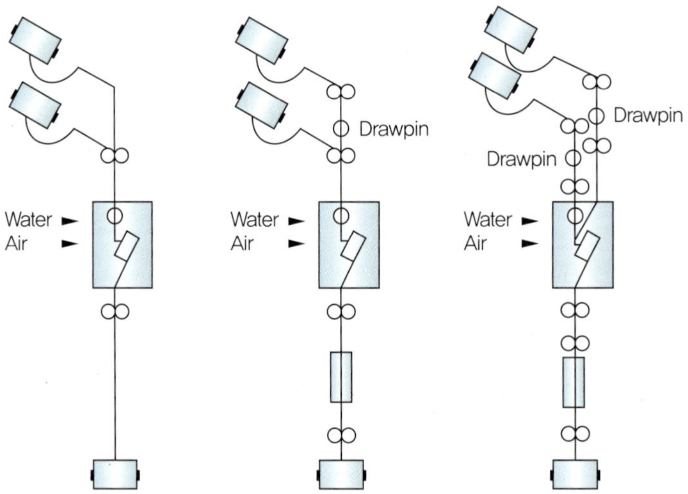

그림 2-13 에어 텍스쳐링 공정의 분류

(출처: Yarn Texturing Technology, 7-Air-jet texturing and yarns (Fig. 7.1)
DOI: 10.1533/9781855737655.211)

(2) 에어 텍스쳐링 공정 제어

에어 텍스쳐드사를 제조하기 위한 공정에서 이를 제어하기 위한 요소는 크게 노즐, 물 공급 및 임팩트 볼, 열처리로 나눌 수 있다. 이에 세부적인 내용을 살펴보고자 한다.

노즐

에어 텍스쳐링 공정에서 노즐의 직경과 형태로 나누어서 살펴볼 수 있다. 노즐의 직경의 경우 필라멘트사의 굵기, 에어 텍스쳐드사의 데니어와 같은 조건에 맞추어 적절한 크기의 노즐을 선택해야 한다. 일반적으로는 직경이 커질수록 소비되는 에너지 효율이 증가하는 것으로 알려져 있다.

또한, 노즐의 형태에 따라 각기 다른 공기압 속도 분포도를 가지게 되는데, 크게 타슬란형(Taslan type)과 헤마젯형(Hemajet type)으로 나눌 수 있다. 타슬란형은 공기 통로(air inlet)가 일자형으로 되어 있으나, 헤마젯형은 약 45도 방향으로 되어 있어 적은 공기량으로도 높은 압력을 줄 수 있다는 이점이 있다.

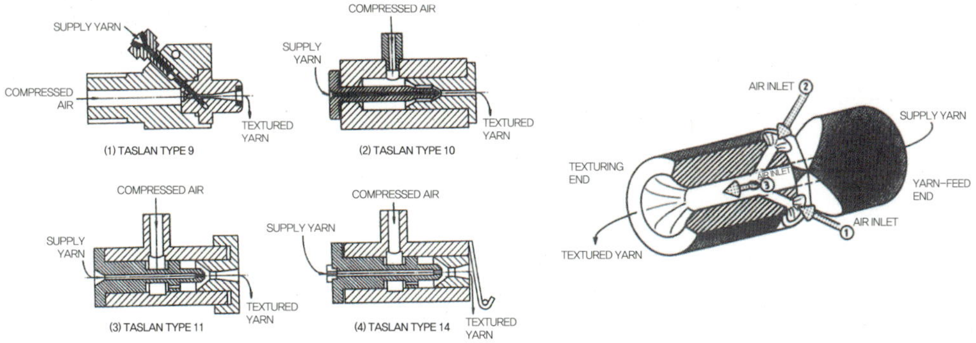

(a) 타슬란형 노즐 (b) 헤마젯형 노즐

그림 2-14 에어 텍스쳐링 공정에서 사용되는 대표적인 노즐 형태

(출처: M. Acar & G. R. Wray. "An anlysis of the air-jet yarn texturing process. Part 1. A brief history of developments in the process" (1986), DOI: 10.1080/00405008608658518)

물 공급 및 임팩트 볼

에어 텍스쳐링 공정에서 물 공급은 필라멘트를 결속시킴과 동시에 윤활제의 역할을 함으로써 필라멘트-필라멘트 간, 필라멘트와 통로 간의 운동마찰력을 감소시킬 수 있다. 또한, 계면활성제(spin finish)를 제거함으로써 정지마찰력을 증가시킬 수 있다.

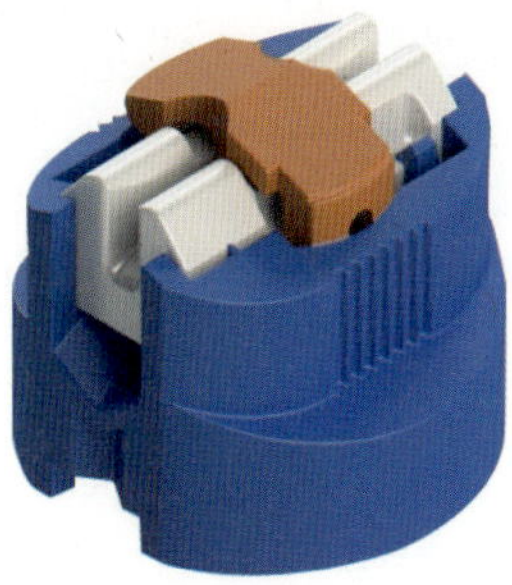

그림 2-15 물 공급을 위한 wetting head

(출처: https://www.heberlein.com/en/product/wettinghead)

열처리

에어 텍스처링 공정에서 열처리는 전처리 또는 후처리에 적용할 수 있다. 전처리로 열처리를 할 경우, 에어 텍스처링 전에 필라멘트에 열을 주어 실의 강력을 조절해 루프 형성에 도움을 줄 수 있으며, 후처리에도 열처리를 하는 경우에 이때 발생하는 수축을 방지하기 위해 미치 수축률을 고정할 수 있다.

에어 텍스처링 공정 이후의 열처리는 와인더에 들어가기 전에 열을 가하여 형성된 루프를 고정하는 방법으로, 열이 에어 텍스쳐드사 내부 깊이 침투하기 위해서는 긴 길이와 높은 온도가 요구된다.

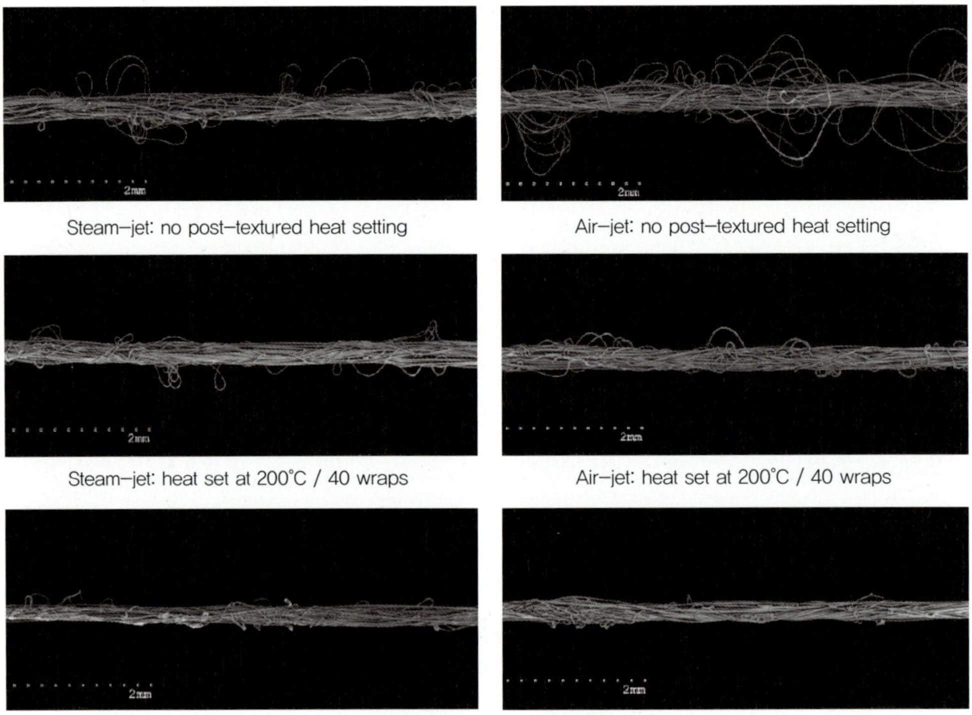

Steam–jet: no post–textured heat setting

Air–jet: no post–textured heat setting

Steam–jet: heat set at 200°C / 40 wraps

Air–jet: heat set at 200°C / 40 wraps

Steam–jet: heat set at 220°C / 40 wraps

Air–jet: heat set at 220°C / 40 wraps

그림 2-16 에어 텍스쳐드사의 열처리 이미지

(출처: WICKRAMASINGHE G.L.D. (2014). Effect of post textured heat setting on textured yarn properties_ Comparison between air jet and steam jet textured yarns)

(3) 에어 텍스처링 공정변수와 물성

표 2-3에 제시한 것처럼 에어 텍스처링 공정에서 네 가지 공정변수는 에어 텍스처드사의 여덟 가지 물성에 영향을 미치게 된다. 본 절에서는 공정변수가 에어 텍스처드사에 미치는 영향에 대해 소개하고자 한다.

표 2-3 에어 텍스처링 공정변수에 따른 에어 텍스처드사의 물성 변화

에어 텍스처링 공정변수			
공기압	오버피드	공정 속도	연신비

↓

에어 텍스처드사의 물성			
강도	파단 신도	선밀도	불안정성
균제도	최대 응력	탄성계수	벌키성

에어 텍스처링 공정변수

• 공기압(air pressure)

공기압은 효과사를 얽히게 해서 루프를 만들며, 동시에 심사와 섞이게 하는 역할을 한다. 공기압이 증가함에 따라 루프의 수가 증가하고 벌키성이 상승하는 반면, 균제도는 하락하게 된다. 또한, 강도와 파단 신도 및 불안정성이 감소하게 된다.

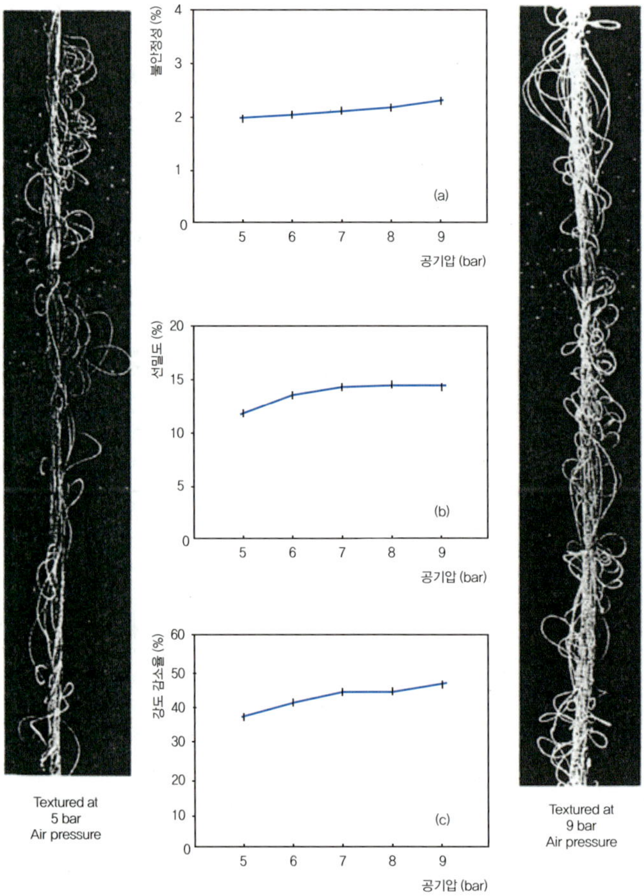

그림 2-17 에어 텍스쳐드사의 공기압 영향에 따른 불안정성, 선밀도, 강도 감소율

(출처: A. Demir, M. Acar, & G. R. Wray. "Air-Jet Textured Yarns: The Effects of Process and Supply Yarn Parameters on the Properties of Textured Yarns" (1988), https://core.ac.uk/download/pdf/288373235.pdf)

• 오버피드(overfeed)

오버피드는 심사 및 효과사의 공급 비율로, 크릴로부터 공급되는 필라멘트사의 공급량에 비례해서 추가로 들어가는 섬유양의 비율을 일컫는다. 예를 들어 효과사 오버피드 40%라 함은, 공급 롤러가 생산 롤러의 속도보다 40%가 높은 것을 의미한다. 추가로 공급된 여분의 효과사가 루프를 형성하며, 최소한의 심사의 오버피드는 필수이다. 이에 오버피드가 증가함에 따라 벌키성과 선밀도, 데니어는 증가하게 되지만, 강도가 감소하고 균제도가 하락하게 된다. 또한, 공기의 흐름이 방해받기 때문에 필라멘트당 받는 공기압의 감소로 불안정성이 증가하게 된다.

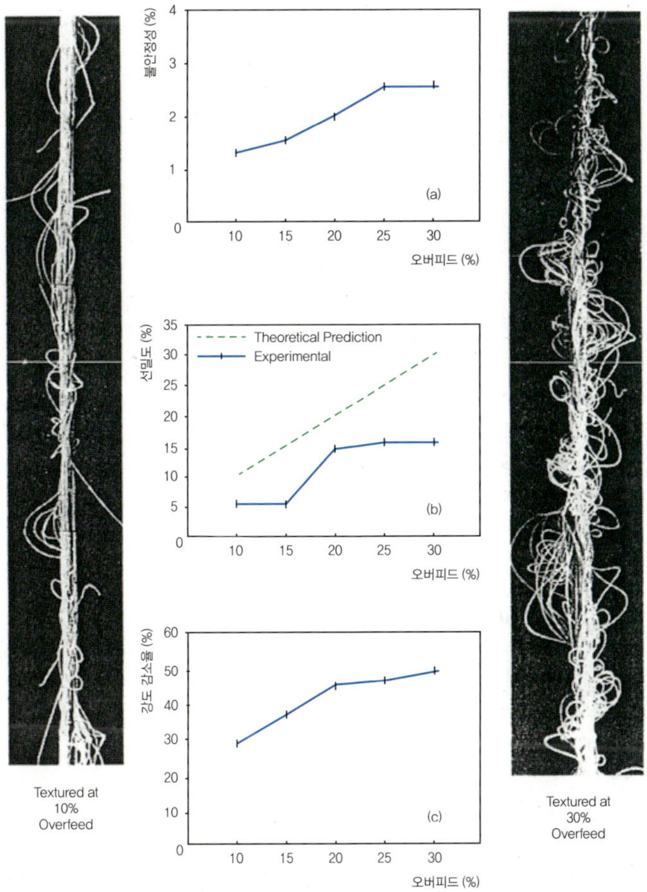

그림 2-18 에어 텍스쳐드사의 오버피드 영향에 따른 불안정성, 선밀도, 강도 감소율

(출처: A. Demir, M. Acar, & G. R. Wray. "Air-Jet Textured Yarns: The Effects of Process and Supply Yarn Parameters on the Properties of Textured Yarns" (1988), https://core.ac.uk/download/pdf/288373235.pdf)

• 공정 속도(processing speed)

공정 속도는 전체 심사와 효과사가 들어가는 속도로, 오버피드 비율과는 관계없이 전체 공급 속도를 조절한다. 단일 필라멘트가 받는 압력의 크기는 공기압 / (생산 속도 × 필라멘트 수)로 나타낼 수 있다. 이에 공기압이 셀수록 각각의 단일 필라멘트에 적용되는 공기압이 증가하게 되며, 생산 속도가 빠를수록 단일 필라멘트가 받는 공기압의 양이 감소하게 된다. 또한, 필라멘트 수가 많을수록 각각의 필라멘트가 받을 수 있는 공기압의 양이 감소하기 때문에, 필라멘트 수와 데니어에 맞는 알맞은 노즐 크기 선정이 필요하다. 그리고 공정 속도 증가에 따라 단위 길이당 가해지는 시간과 공기압이 감소하므로 텍스처링 효과가 감소하며, 불완전하고 큰 루프를 형성하기 때문에 불안정성이 증가하게 된다.

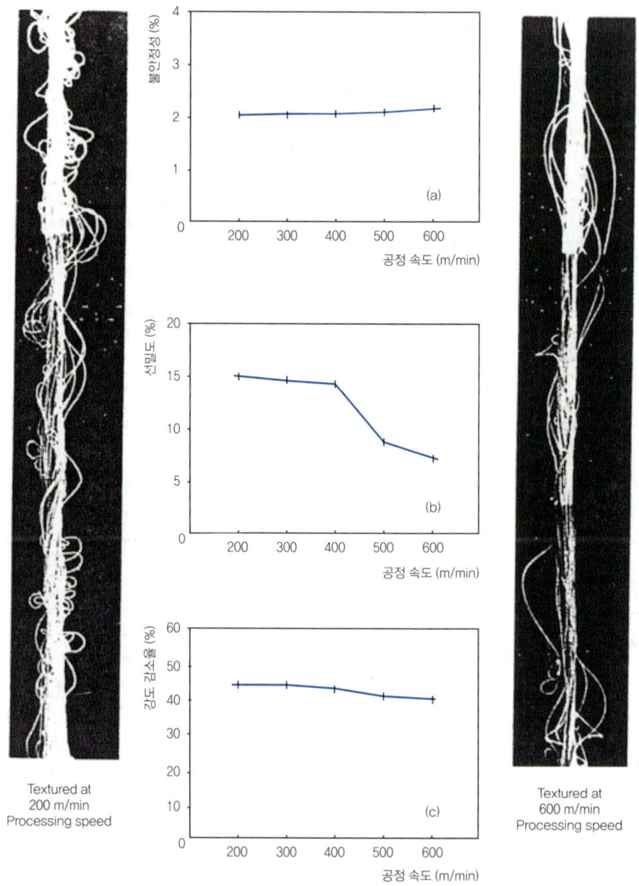

그림 2-19 에어 텍스쳐드사의 공정 속도 영향에 따른 불안정성, 선밀도, 강도 감소율

(출처: A. Demir, M. Acar, & G. R. Wray. "Air-Jet Textured Yarns: The Effects of Process and Supply Yarn Parameters on the Properties of Textured Yarns" (1988), https://core.ac.uk/download/pdf/288373235.pdf)

• 연신비(draw ratio)

연신은 에어 텍스쳐드사의 필수 조건이 아니지만 일부 장비에서 사용 가능한 옵션이다. 연신은 필라멘트의 강신도 변화로 인한 물성 변화를 줄 수 있어, 제조된 에어 텍스쳐드사의 강신도의 변화, 공정 중 장력의 변화, 핸들링 촉감의 변화 등의 결과를 도출할 수 있다. 또한, 부분 연산사(POY, Partially Oriented Yarn)를 공급사(feed yarn)로 사용할 수도 있다. 이에 연신비의 증가에 따라 필라멘트의 강도, 탄성계수, 굽힘강성을 향상시킬 수 있다.

에어 텍스쳐드사의 물성

• **강도(tenacity) 및 파단 신도(breaking at elongation)**

오버피드와 공기압이 증가할수록 심사에 비해 효과사의 비율이 증가하게 되어 강도 및 파단 신도는 감소하게 된다. 텍스처링 공정 속도의 영향은 미미하나, 특정 속도 이상을 가하게 되면 텍스처링 효과가 감소하고 힘을 받는 필라멘트 수가 증가하면서 강도 및 파단 신도가 증가하게 된다. 반면, 특정 속도 이하의 공정 속도로 감소하게 되면 텍스처링 효과가 매우 증가하게 되면서 필라멘트-필라멘트 간 결합이 과도하게 증가하여 강도 및 파단 신도가 감소하게 된다.

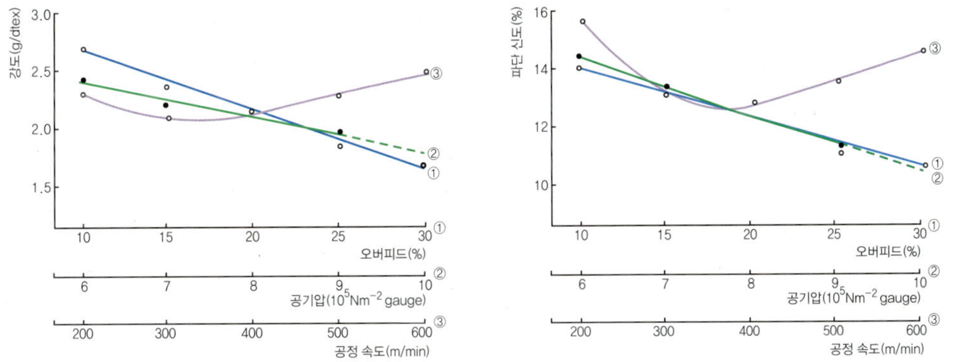

그림 2-20 강도(좌), 파단 신도(우)에 대한 에어 텍스쳐드사의 물성

(출처: The Journal of The Textile Institute_Vol 77, No 6: 377–385 (Fig. 2, Fig. 1)
DOI: 10.1080/00405008608658434)

• **선밀도(linear density)**

오버피드가 증가할수록 선밀도도 증가하게 된다. 이는 공기압 및 공정 속도와도 연관이 있다. 공기압이 증가할수록 루프가 조밀하게 형성되어 선밀도가 증가하게 되며, 공정 속도가 증가할수록 루프가 크게 형성되기 때문에 선밀도는 감소하게 된다.

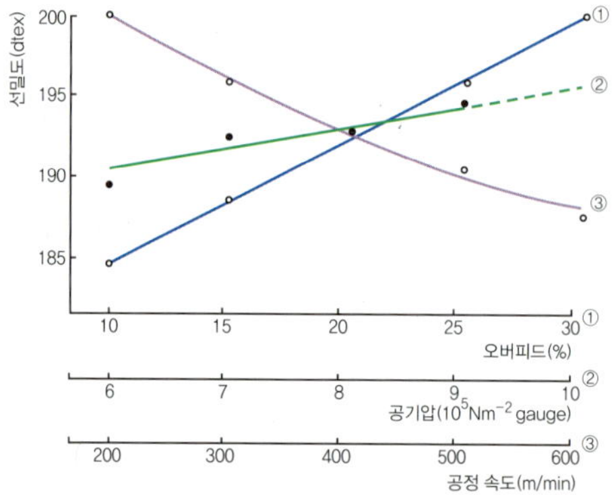

그림 2-21 선밀도에 대한 에어 텍스쳐드사의 물성

(출처: The Journal of The Textile Institute_Vol 77, No 6: 377–385 (Fig. 3) DOI: 10.1080/00405008608658434)

• 불안정성(instability)

불안정성은 길이방향 장력에 의한 영구적인 변형률로, 낮을수록 고품질을 의미한다.

$$불안정성(\%) = \frac{\Delta l}{l} \times 100$$

l = 원래 길이, Δl = 늘어난 길이

불안정성을 측정하는 방법은 크게 두 가지로 나눌 수 있으며, 듀폰社와 헤버레인社의 방법을 들 수 있다.

표 2-4 불안정성 측정 방법

듀폰社	헤버레인社
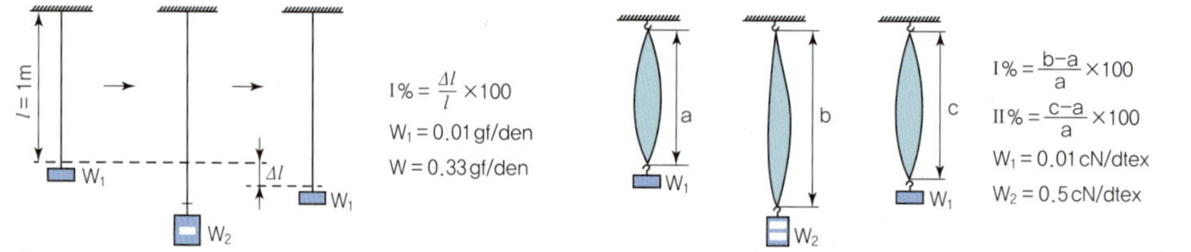	
무게가 제거된 상태에서 늘어난 길이를 측정	측정 방법 1 = 무게 제거 전 측정 방법 2 = 무게 제거 후

(출처: Instability tests for air-jet textured yarns, Textile Research Institute, DOI: 10.1177/004051758605600306)

오버피드가 증가하게 되면 불안정성도 급격히 증가하게 되고, 공기압이 증가할수록 루프의 수도 증가하여 힘을 받는 필라멘트 수가 감소하게 되며, 이에 불안정성이 증가하게 된다. 또한 생산 속도가 증가할수록 루프가 크게 형성되기 때문에 불안정성이 증가하게 된다.

• 균제도(yarn hairiness)

균제도는 실의 굵기가 일정한지 측정하는 방법이다. 실의 균제도를 측정하는 방법은 크게 두 가지로 분류할 수 있다. 첫 번째 측정 방법은 Uster 측정기를 사용하는 방법이다. 이는 측정기의 사이(E와 F)를 시료가 통과할 때 생기는 전기용량의 변화를 측정하는 것으로, 어느 조건하에서의 전기용량의 변화는 시료의 굵기에 비례한다.

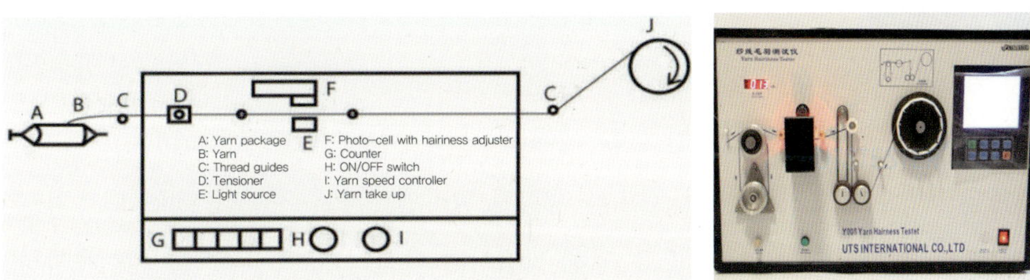

그림 2-22 균제도 측정 장치 모식도(좌), Uster 측정기(우)

(출처: 좌–https://www.slideshare.net/TarifTarif1/yarn-test, 우–https://www.utstesters.com/yarn-hairiness-tester-y008_p237.html)

두 번째 방법은 이미지 분석 방법이다. 이는 이미지 분석을 통해 루프의 양을 측정하는 것으로, 전도성이 있는 섬유로 제조한 경우 측정이 가능하지만, 시간이 오래 걸리며 비교적 짧은 길이로 인해 정확도가 하락한다는 단점이 있다.

균제도의 분석 지표는 모우도(Hairness index, 0 to 1)와 토크 지수(Torque index, 0 to 1)가 있다. 모우도는 1과 가까울수록 루프가 많음을 의미하고, 토크 지수는 높을수록 루프가 커지는 것을 의미한다.

$$
\text{모우도} = \frac{\sum_{i=1}^{\text{up}B.} F(X_i) + \sum_{i=\text{down}\,B.}^{x_{\max}} F(X_i)}{\text{심사의 직경} \times y_{\max}}
$$

$$
\text{토크 지수} = \frac{\sum_{i=1}^{\text{up}B.} F(X_i) \times |x_i - x_{\text{center}}| + \sum_{i=\text{down}\,B.}^{x_{\max}} F(X_i) \times |x_i - x_{\text{center}}|}{\sum_{i=1, i \neq x_{\text{center}}}^{x_{\max}} F(X_i) \times |x_i - x_{\text{center}}|}
$$

2.7 에어 텍스쳐드사의 정의 및 루프 생성 원리

에어 텍스쳐드사의 정의 및 구성

에어 텍스쳐링 공정으로 얻어진 사를 에어 텍스쳐드사(air textured yarn)라고 하며, 이는 찬 공기압으로 인해 벌키한 루프가 생성된 필라멘트사를 말한다. 에어 텍스쳐드사의 외관은 루프에 의한 벌키성으로 인해 방적사와 유사하며, 촉감 및 물성도 유사하게 나타나는 것으로 알려져 있다. 그러나 에어 텍스쳐드사는 방적사와는 달리 섬유의 이탈이 거의 없기 때문에 보풀이 덜 생긴다는 장점이 있다. 또한 루프의 형성 등 매끄럽지 않은 표면으로 인해 제직이나 편직 시에 방적사와 같이 공기층이 생성되므로 일반 필라멘트사와는 달리 벌키성과 부드러운 촉감을 가질 수 있다는 장점이 있다.

에어 텍스쳐드사는 기본적으로 심사(core yarn)와 효과사(effect yarn)로 구분할 수 있다. 심사는 내부의 기둥 역할로, 랜덤하게 배열된 효과사와 엉켜 모양을 고정시키고 하중을 견디는 필라멘트사이며, 효과사는 초과 공급량으로 인해 루프가 형성된 것으로, 에어 텍스쳐드사의 태를 이루지만 하중을 견디지 못한다는 특징이 있다.

루프 형태를 가지는 에어 텍스쳐드사의 굵기는 위아래 가장 높은 루프 기준으로 전체 지름을 결정하게 된다. 이에 심사의 굵기는 가로선을 그었을 때 루프에 빈 공간이 없이 꽉 차있는 굵기를 측정한다.

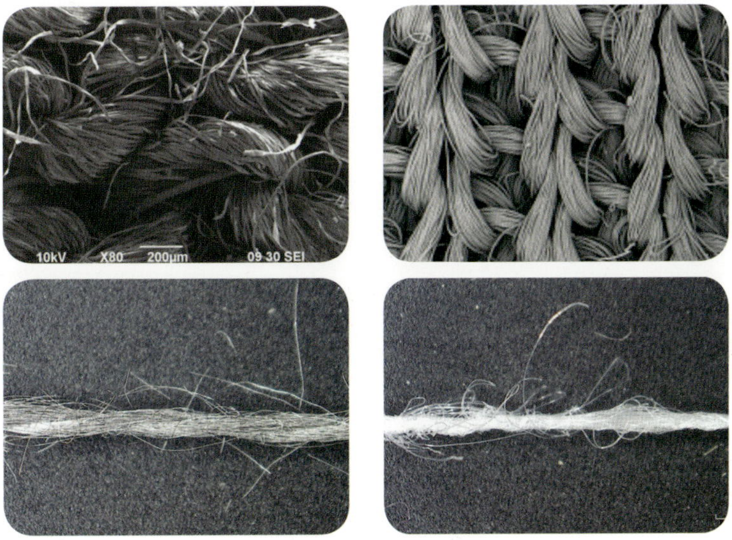

그림 2-23 방적사(좌), 에어 텍스쳐드사(우)

(출처: 좌상–Journal of Industrial Textiles, Volume 42, Issue 4(2012): 400–416 (Fig. 5)
DOI: 10.1177/1528083712441960.
우상–Gonca Özçelik, Ahmet Çay, Erhan Kirtay. "A Study of the Thermal Properties of Textured Knitted Fabrics", FIBRES & TEXTILES in Eastern Europe, Vol 15, No 1(2007): 55–58)

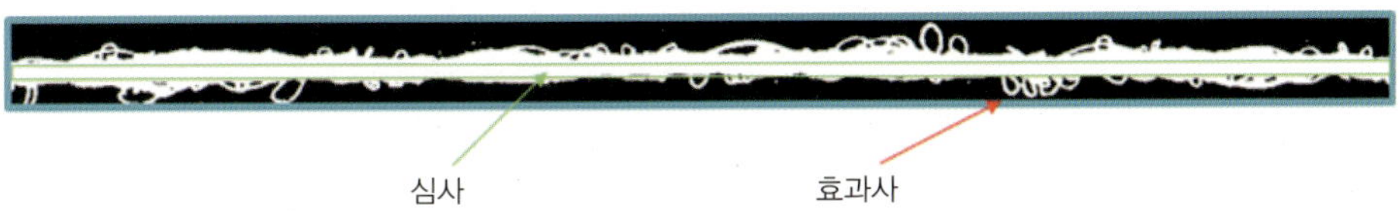

그림 2-24 에어 텍스쳐드사의 구성

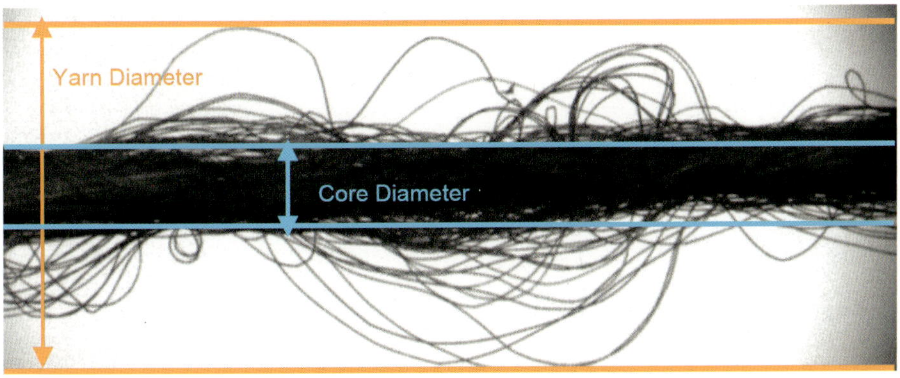

그림 2-25 에어 텍스쳐드사와 심사의 굵기

(출처: The fundamentals of air–jet texturing, 2004,
http://www.lib.ncsu.edu/resolver/1840.16/3388)

에어 텍스쳐드사의 루프 생성 원리

에어 텍스쳐드사의 루프의 정의는 80′s와 00′s로 나눌 수 있다. 80′s 루프는 닫힌 루프(closed loop)와 열린 루프(opended loop)로 나눌 수 있으며, 00′s 루프는 말굽 루프(horseshoe loop), 꼬인 루프(twisted loop), 버클 루프(buckled loop)로 나눌 수 있다.

00′s의 루프를 기준으로, 에어 텍스쳐드사의 루프 생성 과정은 실 양쪽 혹은 한쪽이 꼬이는 현상에 의해 말아 올라가며 '꼬인 루프'를 형성하게 된다. 에너지가 부족한 경우, 충분한 꼬임을 얻지 못하면서 '버클 루프'를 형성하게 된다. 고리를 만들지 못한

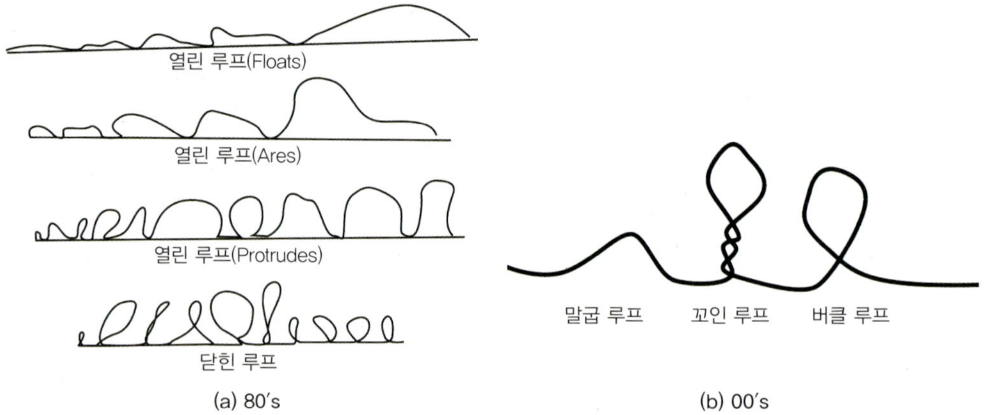

그림 2-26 에어 텍스쳐드사의 루프 종류

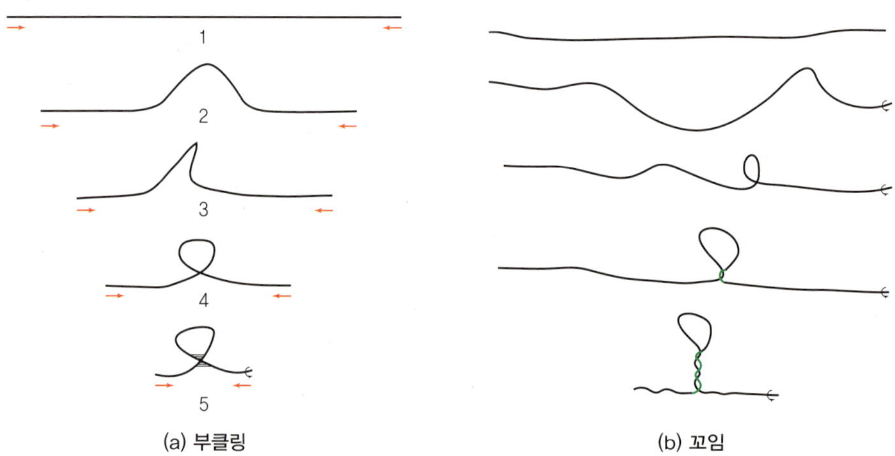

그림 2-27 루프의 형성 과정

(출처: The fundamentals of air-jet texturing, 2004, http://www.lib.ncsu.edu/resolver/1840.16/3388)

필라멘트는 '말굽 루프'를 형성하게 된다.

에어 텍스쳐드사 내에 루프 형성을 위해서는 네 가지 힘이 필요하다. 먼저 필라멘트 내 섬유를 구부릴 수 있는 공기 에너지가 필요하며, 두 번째로는 구부러진 섬유를 붙잡기 위한 충분한 심사가 필요하다. 세 번째로 공기압을 견딜 수 있는 섬유 강도, 마지막으로 고리를 이루기 위한 최소한의 강성을 가져야 한다.

이에 에어 텍스쳐드사는 앞서 언급한 것과 같이 꼬인 루프, 말굽 루프, 그리고 버클 루프를 형성하게 되며 각각의 루프는 차이점을 가진다. 꼬인 루프는 가장 안정된 상태를 유지하지만 낮은 벌키성을 가지며, 말굽 루프는 가장 불안정하지만 높은 벌키성

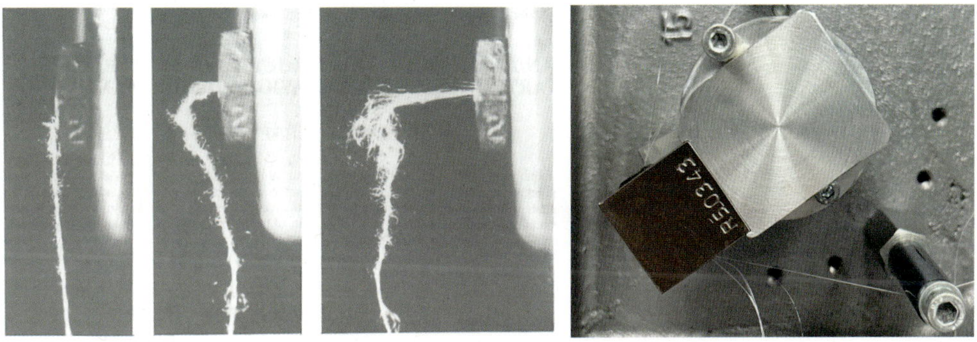

그림 2-28 사출거리에 따른 루프 생성(좌), 노즐 구조(우)

(출처: 좌-The Journal of The Textile Institute_Vol 77, No 4: 235-246 (Fig. 1)
DOI: 10.1080/00405008608658416)

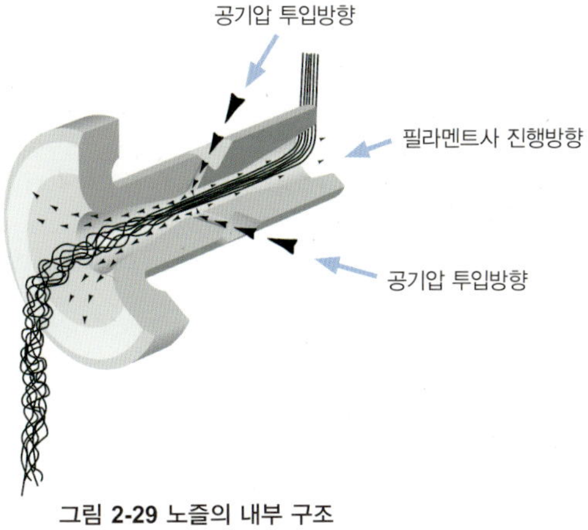

그림 2-29 노즐의 내부 구조

(출처: Yarn Texturing Technology, 7-Air-jet texturing and yarns (Fig. 7.12)
DOI: 10.1533/9781855737655.211)

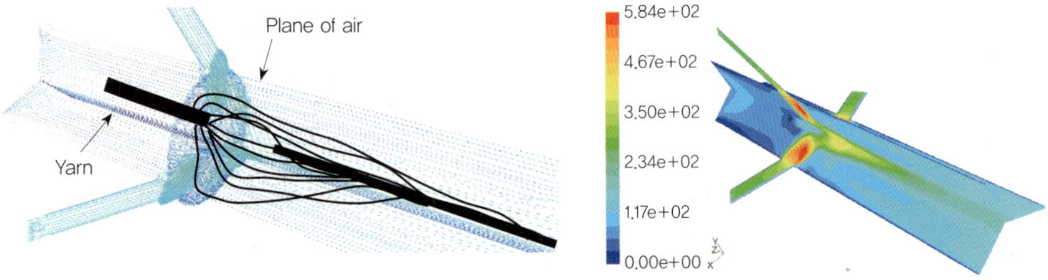

그림 2-30 노즐 내 공기 흐름(좌), 노즐 내 공기압(우)

(출처: The fundamentals of air-jet texturing, 2004, http://www.lib.ncsu.edu/resolver/1840.16/3388)

을 가진다. 마지막으로 버클 루프는 꼬인 루프와 말굽 루프의 중간의 특성을 가진다.

루프는 공기압(air turbulence)에 의해 노즐 안으로 강한 압력이 생성되며 만들어진다. 이때 노즐의 출구에서 효과사가 변형되어 루프가 생성됨과 동시에 심사와 효과사가 얽혀 고정되게 된다. 그리고 공기압 통로들이 만나는 지점에서 필라멘트 다발이 풀리게 되며, 충분히 풀린 필라멘트사는 루프를 형성하며 다시 뭉치게 된다.

2.8 에어 텍스처링 장비의 종류

SSM社 에어 텍스처링 장비(The SSM-Stähle machine)

• RM3-T

가장 널리 쓰이고 있는 에어 텍스처링 장비로, 개별 모터로 구동되는 롤러가 있다. 열처리도 가능한 세라믹-금속 롤러가 장착되어 있으며, 태섬도 및 Spandex 복합 에어 텍스처링이 가능하다.

• DP5-T

최신형의 에어 텍스처링 장비로, 상향식 와인딩 형태이다. 최고 생산 속도는 1,500 m/min이다.

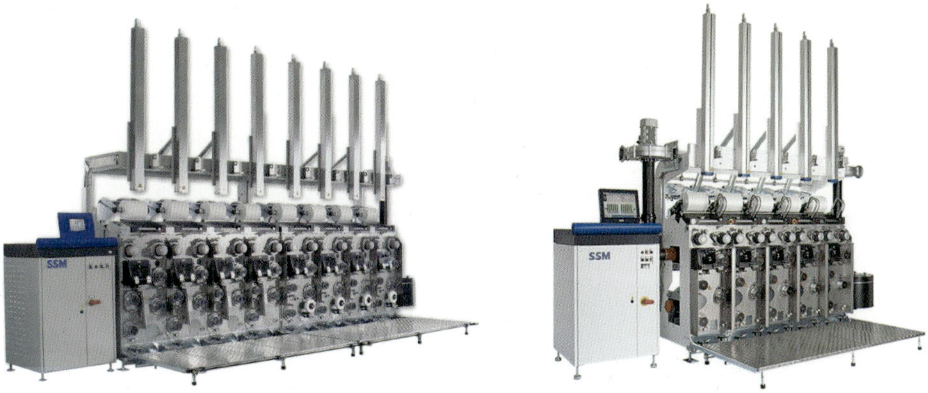

그림 **2-31** RM3–T(좌), DP5–T(우) 장비

(출처: 좌–http://190.121.228.102/backup/SSM_Air%2520Texturing.pdf,
우–https://www.ssm.ch/eng/air-texturing_32805.shtm)

DIETZE+ SCHELL社 에어 텍스쳐링 장비

• DST–60

원사의 미끄러짐 방지 및 정확한 공급량을 위한 고무 롤러가 있으며, 최신 기술 및 특수사(유리섬유) 용도로 제조된 에어 텍스쳐링 장비이다. 하향식 와인딩 및 습식 후처리 장치가 결합되어 있다.

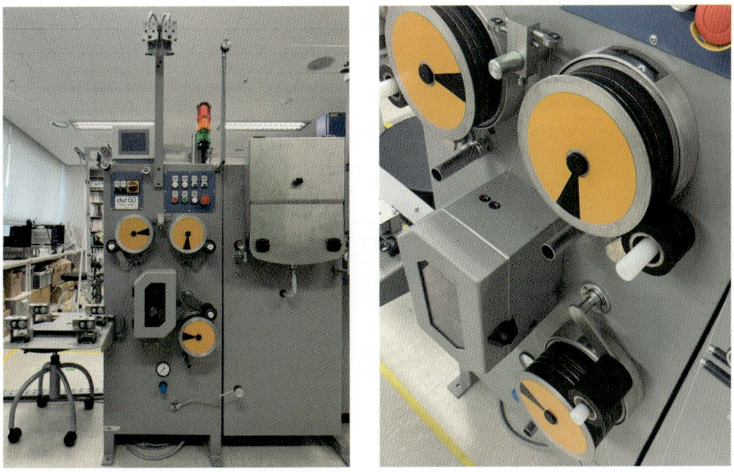

그림 **2-32** DST–60 장비

CHAPTER

03

합연 텍스쳐링을 활용한 전도사 제작

3.1 합연 장비 구조
3.2 합연 장비 구동법
3.3 에어 텍스쳐링 장비 구조
3.4 에어 텍스쳐링 장비 구동법
3.5 합연 장비를 활용한 전도사 제작

3.1 합연 장비 구조

합연 장비를 활용해 다양한 기능성 섬유들을 함께 합사하면 단일 원사로는 확보하기 힘든 기계적·전기적 특성들을 확보할 수 있다. 그리고 합사에 사용하는 원사의 종류, 회전속도, 꼬임수 등과 같이 다양한 공정조건에 의하여 합연사의 특성이 결정되기 때

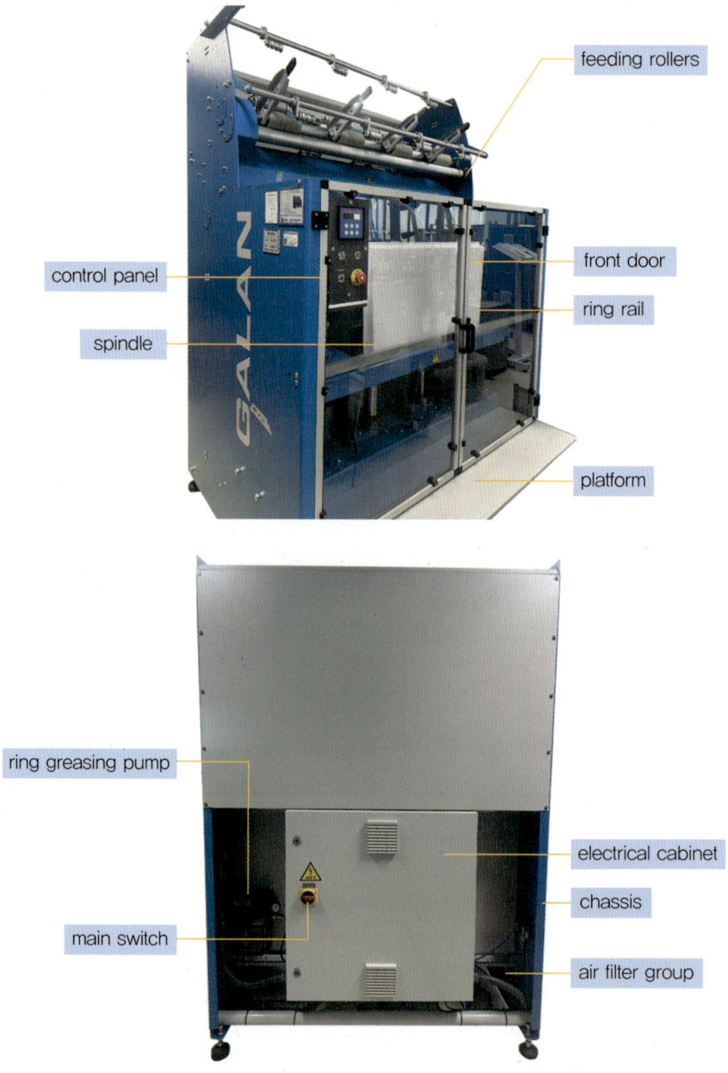

그림 3-1 합연 장비의 구조

문에 그 조건에 대한 이해가 필요하다. 본 교재에서 전도사 제작에 사용할 합연 장비는 합연기(Multi 1×4, Galan textile machinery, S.L., Spain)로 기본 구조는 그림 3-1과 같다. 이 모델은 몇 가지 공정조건이 제한되어 있어 작업 전 확인이 필요하다. 스핀들 속도는 최대 5,000 rpm, 딜리버리 롤러 속도는 10~120 m/min, 그리고 링레일 속도는 0.29~2.95 m/min으로 제한되어 있다.

합연 장비 구조

• 링레일(ring rail)

교대로 움직이면서 링이 릴을 따라 움직이고, 릴이나 튜브에 실을 분배하고, 링에는 트래블러가 장착되어 릴이나 튜브의 실을 전달한다. 링의 치수와 트래블러의 종류는 작업할 원사의 굵기에 따라 다르게 설정해야 한다. 링레일은 보빈, 보틀, 더블보틀 또는 스핀들 등 접는 유형에 따라 다양한 방식으로 움직일 수 있고, 다른 장치와 독립적인 모터에 의해서 구동된다. 그리스 공급 시스템은 서로 다른 모듈 간에 독립적으로 링과 트래블러 사이의 마찰에 윤활유를 공급한다.

• 스핀들(spindle)

실의 비틀림으로 인해 스핀들이 시계 방향이나 반시계 방향으로 회전하게 된다. 스핀들은 어떤 종류의 전달 없이 직접 구동된다. 실이 감겨 있는 릴이나 튜브를 스핀들에 삽입하여 보빈을 형성하는데, 릴과 튜브는 다양한 크기가 있다.

• 딜리버리 롤러(delivery roller)

원사 공급 시스템은 두 개의 공급 실린더와 압력 롤러로 구성되며, 다른 장치와 독립적인 모터에 의해 구동된다.

• 크릴(creel)

기계 내부로 원사가 들어가는 부분으로, 기계 상부에 위치한 구조이다.

• 전자 캐비닛(electrical cabinet)

모듈을 실행하는 제어 요소, 모터 및 신호 센서를 제외한 모든 전기 제어 요소가 포함된 영역으로, 모든 적절한 보호장치를 갖춘 금속 상자에 완벽하게 들어 있다. 전자

표 3-1 원사의 굵기에 따른 트래블러 선택 가이드

			추천값			
			허용값			
번수			트래블러 무게 [mg] N° ISO			
Nm	Dtex	Denier	9.5 mm 3/8″	16.7 mm 21/32″	25.4 mm 1″	38.1 mm 1 1/2″
0.08	125,000	112,500				30,000
0.11	90,000	81,000				25,000
0.16	60,000	54,000				20,000
0.22	45,000	40,500				16,000
0.28	35,000	31,500				14,000
0.33	30,000	27,000				12,000
0.40	25,000	22,500				10,000
0.50	20,000	18,000			5,500	8,000
0.66	15,000	13,500			5,000	6,000
0.76	13,000	11,700		3,000	4,500	5,500
1.00	10,000	9,000		2,600	3,200	5,000
1.25	8,000	7,200		2,400	3,000	4,000
1.66	6,000	5,400		2,000	2,500	3,000
2.00	5,000	4,500		1,800	2,200	2,500
2.22	4,500	4,050		1,780	2,000	2,200
3.00	3,300	2,970		1,580	1,600	1,600
3.16	3,160	2,844		1,500	1,580	
3.57	2,800	2,520	500	1,500	1,400	
4.00	2,500	2,250	450	1,400	1,250	
5.00	2,000	1,800	400	1,300	1,000	
6.25	1,600	1,440	380	1,200	800	
8.33	1,200	1,080	360	1,000	510	
16.60	600	540	280	900	280	
12.50	800	720	310	800		
28.57	350	315	200	500		
43.47	230	207	180	300		
47.60	210	189	160	280		
58.80	170	153	150	200		
66.60	150	135	140	150		
83.30	120	108	120	100		
90.90	110	99	110	80		
125.00	80	72	100			
250.00	40	36	50			
454.50	22	19.8	30			

캐비닛 내부의 모든 입력 라인 단자에는 플라스틱 보호장치가 있어 신체 부위와의 우발적인 접촉을 차단한다.

• 트래블러(traveler)

각 스핀들에서 원사에 꼬임을 생성하는 플라스틱 재료의 부속품으로, 무게(mg)와 고정되는 링의 높이에 따라 분류되며, 사용하는 원사의 굵기에 따라서 알맞은 트래블러를 사용해야 한다.

사용 시 주의사항

• 메인 스위치(main switch)

주축대 도어에는 메인 스위치가 '0' 위치에 있지 않은 경우 전자 캐비닛이 열리는 것을 방지하는 절연체가 있다. 메인 스위치를 사용하면 자물쇠를 설정하여 3분의 1 단위로 시작되는 것을 방지할 수 있다. 이는 헤드스톡이나 기계의 다른 부분 내부에서 유지 관리 작업을 수행하는 데 필수적이다.

그림 3-2 합연 장비 메인 스위치 및 보호장치

• 정지와 비상정지(stop and emergency stop)

장비 전면의 컨트롤 패널(NC9914) 옆에 붉은색 푸시(push) 버튼이 두 개가 있다. 합연 작업을 중단하는 정지(stop) 버튼과 비상시에 시스템 연결을 완전히 끊는 비상정지(emergency stop) 버튼이 있다. 이 비상정지 버튼은 잠금장치가 있는 푸시 버튼으로, 담당자가 이상 현상을 확인하지 않는 한 기계를 다시 사용할 수 없으므로 일반적인 정지 버튼으로 사용하지 않아야 한다.

• 초기화(reset)

장비에는 안전요소가 점검되었는지 확인하는 초기화 푸시 버튼이 있다. 안전요소가 활성화되는 데 15초가 지나면 전자 캐비닛에 설치된 안전 카운터가 기계 엔진과 인버터의 전압을 차단하여 기계 시동을 방지한다. 이 시간이 지나면 기계가 시동되고, 활성화된 안전요소를 복원하고 버튼을 누르기 전에 모든 안전 운영 체제를 확인하려면 초기화 버튼을 활성화시키면 된다. 해당 작업이 언급된 순서대로 수행되지 않으면 시스템이 시작되지 않는다. 기계를 전원 공급 장치에 연결한 후, 비상정지한 후, 그리고 전면 도어의 문을 열고 닫은 후에는 초기화 버튼을 눌러야 장비가 정상적으로 작동한다.

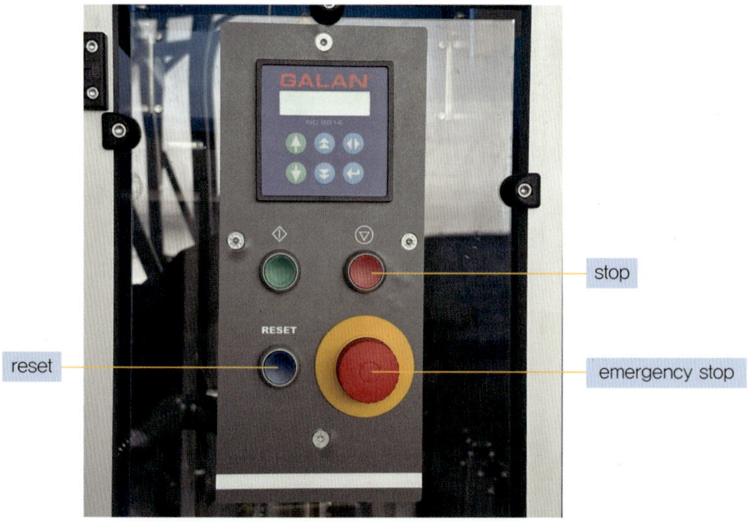

그림 3-3 합연 장비 컨트롤 패널의 다양한 푸시 버튼

3.2 합연 장비 구동법

(1) 합연 장비 전원 준비하기

우리가 사용할 합연 장비는 공압식으로 에어 컴프레셔(air compressor)가 연결되어야 하며, 합연 장비에 공기압이 충분하지 않을 경우 정상적인 작동이 어렵다. 만약 에어 컴프레셔의 연결이 없는 상태에서 합연 장비 전원을 연결하면, 장비에 오류 메시지가 발생하며 작동하지 않으므로 주의하여야 한다.

합연 장비 전원 준비하기

- 장비에 연결된 에어 컴프레셔의 전원 연결하기
  (이때 압축 공기가 새는 소리가 들리면 정상 작동이므로 뒷면에서 좌측 하단의 공기가 토출되는 곳을 손가락으로 막아서 내부에 공기압이 차도록 함)

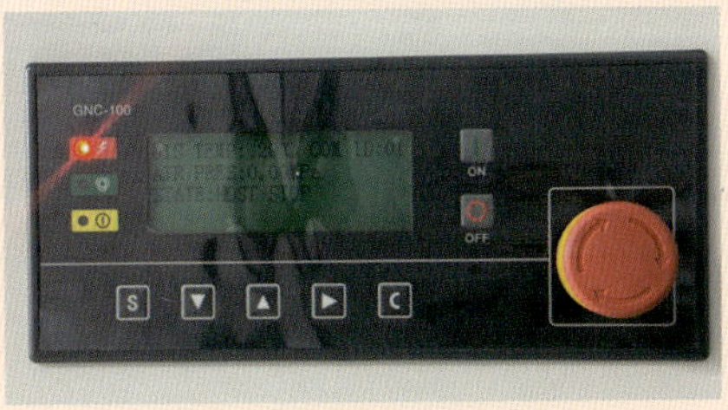

그림 3-4 에어 컴프레셔 전원

- 전면 패널 스크린의 지시에 따라서 초기화(reset) 버튼을 3초간 누르기

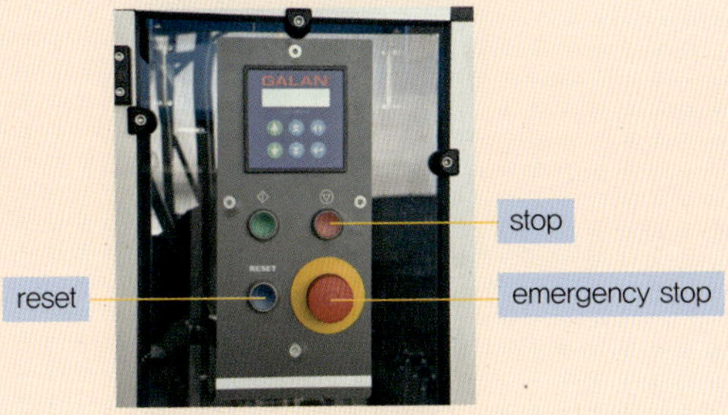

그림 3-5 전면부의 버튼

(계속)

(이때 충분한 공기압이 확보되지 않으면 압력부족 경고가 화면에 출력되며, 이후 압력이 충분해도 기계 작동이 불가하기 때문에 압력 확인 후 메인 스위치를 다시 연결하기)

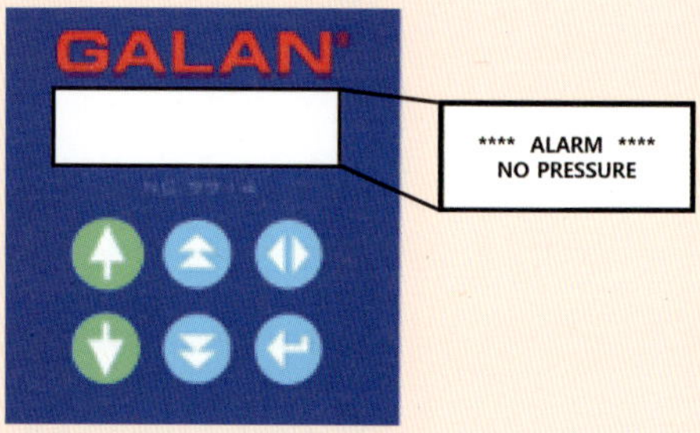

그림 3-6 컨트롤 패널 화면의 압력부족 경고 메시지

- 장비 전원 연결 완료 시 컨트롤 패널에 하단의 메시지가 출력됨

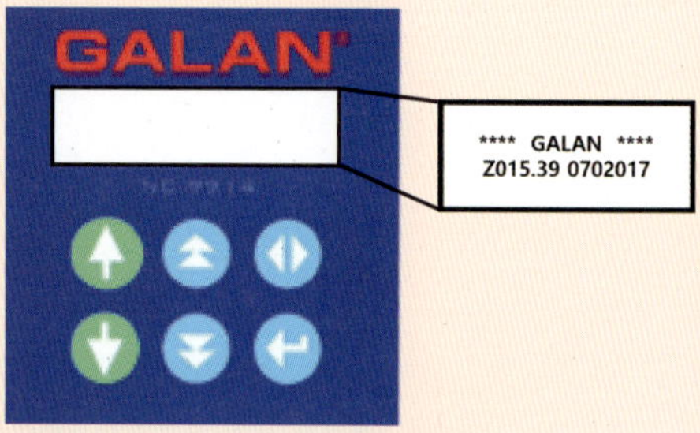

그림 3-7 컨트롤 패널 화면의 장비 전원 연결 완료 메시지

(2) 컨트롤 패널 작동하기

장비 전면부에는 그림 3-8과 같은 컨트롤 패널(NC9914)이 있으며, 이 컨트롤 패널에서 합연 공정조건 설정, 장비 작동, 작업 진행사항 및 오류사항 등을 확인할 수 있다.

컨트롤 패널 버튼 종류

- ⬆⬇ 버튼: 링레일 위치를 수동으로 조작할 때 사용
- ⏫⏬ 버튼: 합연 장비의 공정조건을 변경할 때 사용
  - 초기화면에서 ⏫ 버튼을 사용하면, 합연 작동에 필요한 다양한 공정조건을 확인하거나 변경할 수 있음(대부분 숫자 입력)

(계속)

– 초기화면에서 버튼을 사용하면, 입력값을 저장하거나 장비의 통계 정보 등을 확인할 수 있음(대부분 알파벳, 숫자, 특수기호 입력)

- 버튼: 좌우로 커서를 이동할 때 사용
- 버튼: 값을 입력하거나 저장할 때 사용

※ 합연 장비는 대부분 다음의 과정으로 설정함

(메뉴 탐색) → (해당 변수 선택) → (해당 변수 내에서 재선택) → (입력 위치로 이동) → (원하는 값을 입력) → (입력값 저장)의 순서를 반복함

그림 3-8 컨트롤 패널(NC9914)

(3) 합연 조건 설정하기

컨트롤 패널로 조절해야 할 합연 조건으로는 꼬임수와 스핀들 속도가 있다. 합연 장비에 꼬임수와 스핀들 속도를 입력하면 원사공급속도가 계산되어 설정된다. 본 장비의 최저 원사공급속도는 10 m/min이며, 스핀들 최대 속도는 5,000 rpm이므로 최대 꼬임수는 500 tpm이다.

1. 꼬임수 변경하기

- 최초 장비가 준비된 화면에서 버튼을 한 번 누르면 작업조건 중 꼬임수 설정 화면이 출력됨
- 이때 , , , 버튼을 조합하여 원하는 꼬임수를 입력
- 꼬임수를 입력하면 딜리버리(DELIVERY)는 자동으로 계산되므로 작업자가 임의로 입력이 불가능함(장비의 최소 딜리버리 값은 10 m/min)

(계속)

TWIST = 043 DELIVERY : 080 m/m		TWIST = 043 DELIVERY : 080 m/m		TWIST = 043 DELIVERY : 080 m/m	
		TWIST 선택, TWIST 글자 점멸		숫자 3 점멸	

TWIST = 040 DELIVERY : 080 m/m		TWIST = 080 DELIVERY : 080 m/m	~		TWIST = 080 DELIVERY : 043 m/m
3을 0으로 변경		숫자 4 점멸, 4를 8로 변경			계산된 DELIVERY 값 저장 완료

그림 3-9 컨트롤 패널 화면의 꼬임수 변경

2. 스핀들 속도 및 꼬임방향 변경하기

- 꼬임수 변경하기의 화면에서 버튼을 한 번 더 누르면 스핀들 속도와 꼬임방향 설정 화면이 출력됨
- 스핀들(SPINDLE)은 스핀들의 회전속도, S와 Z는 꼬임방향, 스레드피치(THREADPITCH)는 실이 보빈에 감기는 간격을 의미함

SPINDLE = 3440 rpm S = Z YARN SEP. = 01.0
TWIST = 043 DELIVERY : 080 m/m

그림 3-10 컨트롤 패널 화면의 스핀들 속도 변경

SPINDLE = 3440 rpm S = Z YARN SEP. = 01.0		SPINDLE = 3440 rpm S = Z YARN SEP. = 01.0		SPINDLE = 3440 rpm S = Z YARN SEP. = 01.0
		SPINDLE 선택		S 선택
SPINDLE = 3440 rpm S = Z YARN SEP. = 01.0		SPINDLE = 3440 rpm S = Z YARN SEP. = 01.0		SPINDLE = 3440 rpm S = Z YARN SEP. = 01.0
S 선택		YARN SEP. 선택		입력값 저장
SPINDLE = 3440 rpm S = Z YARN SEP. = 01.0		SPINDLE = 3440 rpm S = Z YARN SEP. = 01.0		SPINDLE = 3440 rpm S = Z YARN SEP. = 01.0
SPINDLE 전체 점멸		단자리 0이 점멸		단자리 0이 1로 변경

그림 3-11 컨트롤 패널 화면의 스핀들 속도 및 꼬임방향 변경

(계속)

- 스핀들 속도(입력값) / 꼬임수(입력값) = 원사공급속도(결괏값)
- 입력값 2개의 계산 결과가 10 m/min으로 연산된다면 기계가 작동하지 않으며, 다음과 같은 오류 메시지가 출력됨

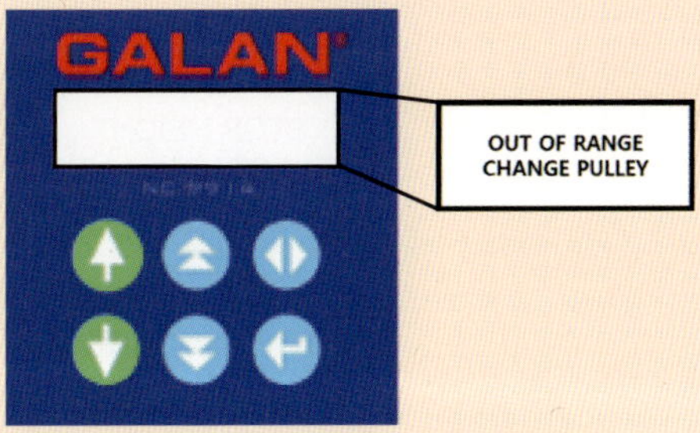

그림 3-12 컨트롤 패널 화면의 범위 초과 오류 메시지

예) 스핀들 속도를 1,000으로 입력하고 꼬임수를 250으로 입력하면 원사공급속도는 4 m/min이 되어 최저 원사공급속도 이하로 연산되기 때문에 작업이 진행되지 않음

(4) 링레일 높이 조절하기

링레일의 최고 높이는 합연 장비가 작동하여 실이 감기기 시작하는 가장 아래의 높이로, 실의 굵기나 폴딩의 모양, 사용하는 크릴 종류에 따라 결정되며, 일반적인 원사는 2 mm로 설정한다.

링레일 높이 조절하기

- 링레일의 최고 높이
  - 실이 감기는 보빈 최고점에서의 이격 거리
  - 작업이 끝나고 링레일이 급하강을 한다면 화면에는 다음과 같은 메시지가 표시됨

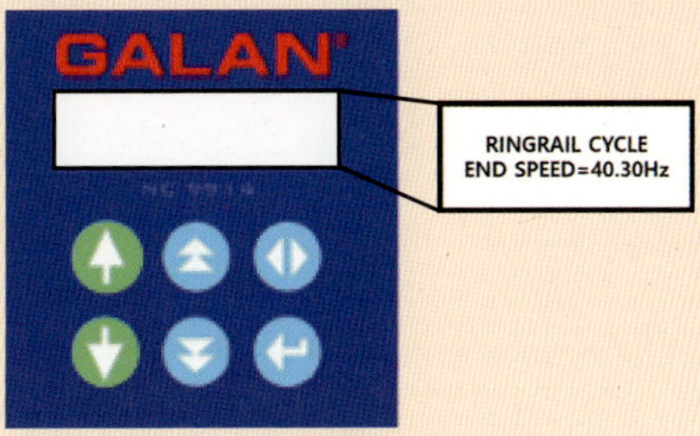

그림 3-13 컨트롤 패널 화면의 링레일 급하강 메시지

(계속)

- 작업 완료 후 링레일의 복귀 위치 지정
  - 작업자가 입력한 작업을 완료한 후, 링레일의 복귀 위치를 입력하는 항목
  - SELECTABLE에 NO를 입력하면 조건 만족 시 즉시 그 자리에서 멈추고, YES를 입력하면 다음의 화면이 나타나며 설정한 최소 링레일 위치로 복귀함

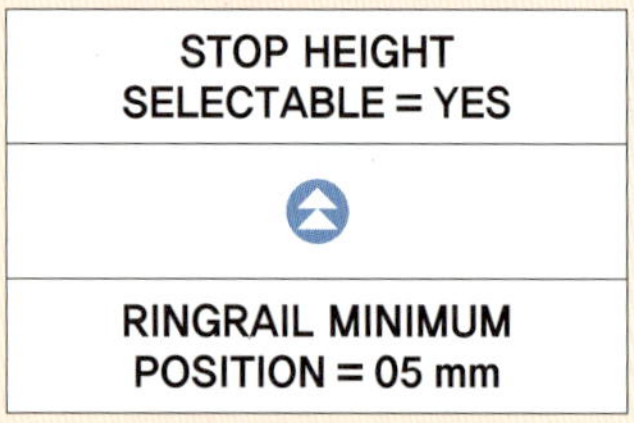

그림 3-14 컨트롤 패널 화면의 링레일 복귀 위치 지정

예) RINGRAIL STOP HEIGHT = 2 mm로 입력하면, 작업 완료 후 자동으로 링레일 높이가 2 mm 위치로 복귀함

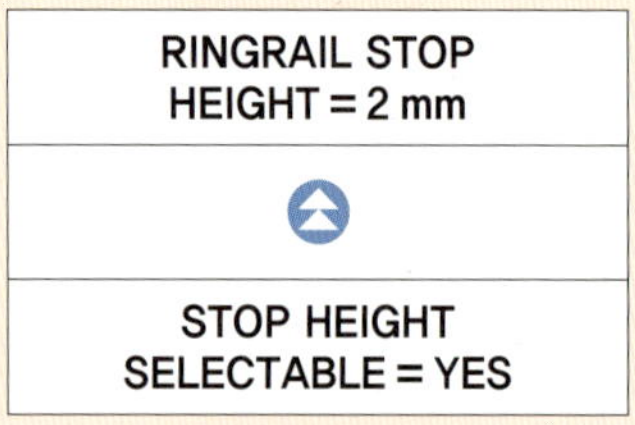

그림 3-15 컨트롤 패널 화면의 링레일 복귀 위치 2 mm로 변경

(5) 폴딩 조절하기

폴딩(Folding)은 합연된 실이 보빈에 감기는 모양을 결정하는 항목으로 보빈(Bobbin), 보틀(Bottle), 더블보틀(Double bottle), 인버스보틀(Inverse bottle), 더블인버스보틀(Double inverse bottle), 세미스핀들(Semi-spindle) 등이 있다.

폴딩 조절하기

- 소량 작업 시에는 보빈으로 설정
  - 높이(HEIGHT)는 사용되는 보빈의 높이를 입력하는 것으로, 최대 보빈 높이에서 2 mm를 뺀 수치를 입력

(계속)

- 최소 링레일 위치가 0 mm이고 보빈 전체를 이용하며, 작은 보빈일 경우는 398 mm를, 큰 보빈일 경우는 448 mm를 입력
- 최소 링레일 위치가 2 mm이고 보빈 전체를 이용하며, 작은 보빈일 경우는 396 mm를, 큰 보빈일 경우는 446 mm를 입력

<table>
<tr><td colspan="2">FOLDING = BOTTLE
HEIGHT = 200 mm</td><td colspan="2">FOLDING = DOUBLE B.
HEIGHT = 200 mm</td></tr>
<tr><td colspan="2">ADVANCE = 5.00 mm.
STRAIGHT = 0050</td><td colspan="2">ADVANCE = 5.00 mm.
STRAIGHT = 0050</td></tr>
<tr><td>감기는 과정</td><td>결과물 외형</td><td>감기는 과정</td><td>결과물 외형</td></tr>
<tr><td>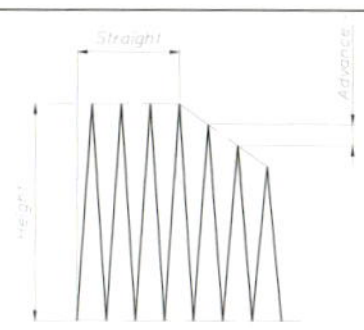</td><td></td><td>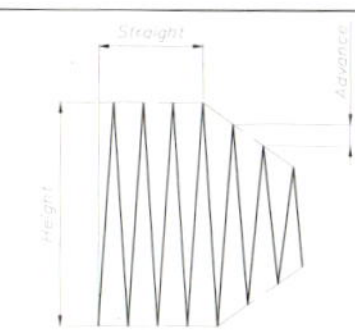</td><td> </td></tr>
</table>

<table>
<tr><td colspan="2">FOLDING = IN.BOT.
HEIGHT = 200 mm</td><td colspan="2">FOLDING = OIN.BOT.
HEIGHT = 200 mm</td></tr>
<tr><td colspan="2">ADVANCE = 5.00 mm.
STRAIGHT = 0050</td><td colspan="2">ADVANCE = 5.00 mm.
STRAIGHT = 0050
HEIGHT IN.100 mm
TOP COATS = 050</td></tr>
<tr><td>감기는 과정</td><td>결과물 외형</td><td>감기는 과정</td><td>결과물 외형</td></tr>
<tr><td></td><td> </td><td>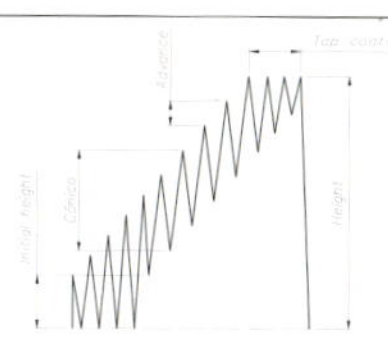</td><td></td></tr>
</table>

<table>
<tr><td colspan="2">FOLDING = IN.BOT.
HEIGHT = 200 mm</td><td colspan="2">FOLDING = OIN.BOT.
HEIGHT = 200 mm</td></tr>
<tr><td colspan="2">HEIGHT MAX.
SPINDLE = 400
ADVANCE = 5.00 mm.
STRAIGHT = 0050</td><td colspan="2">HEIGHT MAX.
SPINDLE = 400
ADVANCE = 5.00 mm.
STRAIGHT = 0050</td></tr>
<tr><td>감기는 과정</td><td>결과물 외형</td><td>감기는 과정</td><td>결과물 외형</td></tr>
<tr><td>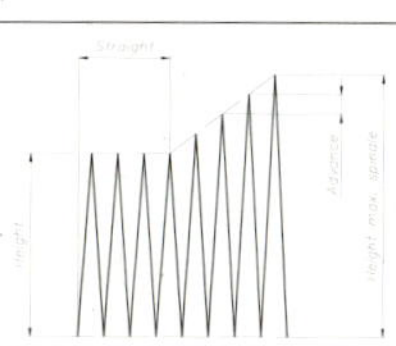</td><td> </td><td>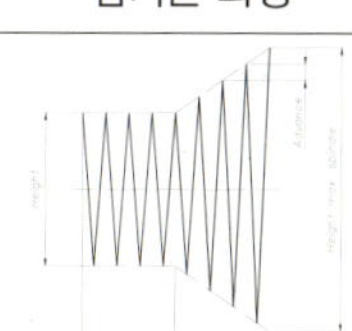</td><td> </td></tr>
</table>

그림 3-16 폴딩 종류별 설정값 및 결과물

(6) 기타 작업정보 확인하기

기타 작업정보 확인하기

- 전체 작업 길이 확인
  - 합연의 총 작업 길이를 설정하면 현재까지 진행된 작업 길이를 확인할 수 있음
  - 초기선택(PRESELEC.)은 보빈에 감길 총 작업 길이(입력값)
  - 총합(TOTAL)은 현재 진행된 길이(출력값)
  - 이전의 총합(TOTAL)은 해당 항목으로 이동하여 와 버튼을 길게 눌러 초기화할 수 있음
  - 기계가 작동 중일 때도 버튼을 눌러 해당 항목에서 확인할 수 있음

  ※ PRESELEC.의 값을 0으로 입력 시, 앞서 설정한 보빈 형태를 완성하는 최대치에 도달할 때까지 작업이 진행됨

PRESELEC. = 10000 m TOTAL = 01026 m.
FOLDING = BOBBIN HEIGHT = 200 mm

그림 3-17 컨트롤 패널 화면의 전체 작업 길이 확인

- 적층수 및 전체 작업 진행률 확인
  - PRESELEC. 지정 후 버튼을 누르면 다음의 확인값 출력
  - 총 작업 길이 대비 몇 %를 작업하였으며, 몇 개의 층으로 감겼는지를 나타냄

TOTAL LAYER = 0173 % METERS : 080
PRESELEC. = 10000 m TOTAL = 01026 m.

그림 3-18 컨트롤 패널 화면의 전체 작업 진행률 확인

- 원사의 장력을 고려한 구간별 작업조건 변경
  - 미터(METERS)는 전체 길이에 대한 %를 나타냄
  - 스피드(SPEED)는 스핀들 속도에 대한 %를 나타냄
  - 본 장비는 길이에 대해 전체 3개의 구간(SECTION)으로 나누고 있음

(계속)

– 기계에는 총 6개의 값이 입력되어 있고, 번호를 선택하면 해당 값으로 이동
– 스핀들 속도에 따라 감기는 구간별 속도를 달리 설정할 때 사용함
– 매우 굵은 원사를 사용할 때만 사용함

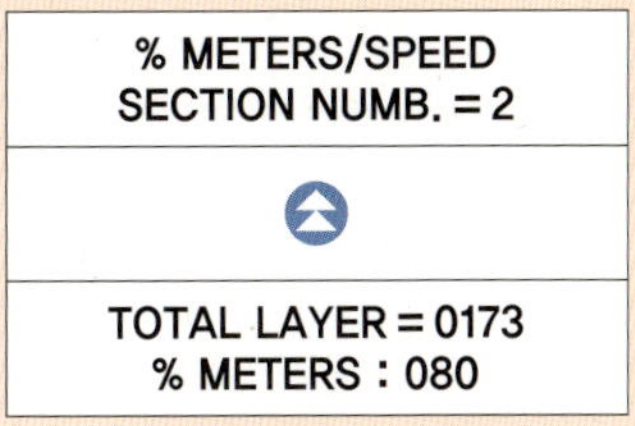

그림 3-19 컨트롤 패널 화면의 구간별 작업조건 변경

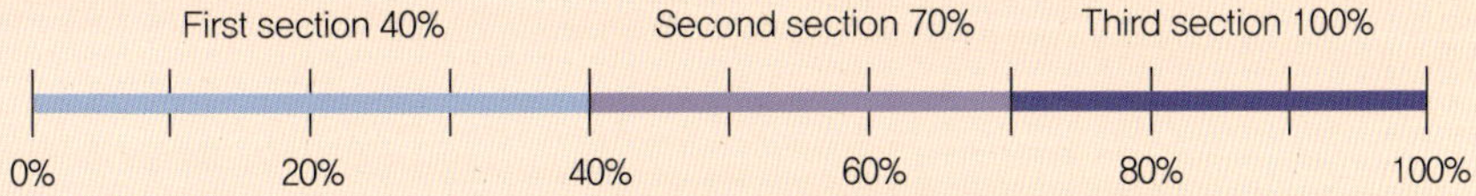

그림 3-20 총 작업 길이별 구간 예시

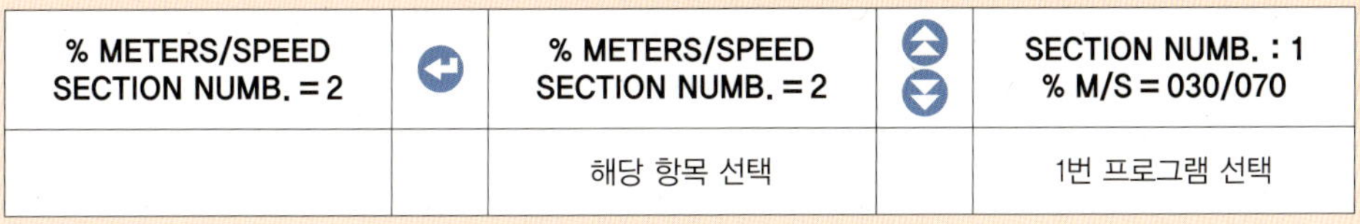

그림 3-21 구간별 스핀들 속도 확인

- 기계 지연 조건 입력
  – 원사의 장력이 매우 낮거나, 스핀들 속도 및 꼬임수가 매우 큰 합연조건으로 작업할 시에 원사가 끊어지거나 기계에 무리한 충격을 줄 수 있기 때문에 지연 조건을 설정하여야 함
  – 딜리버리(DELIVERY)에 값을 입력하면 그 길이 이후 서서히 속도가 증가함

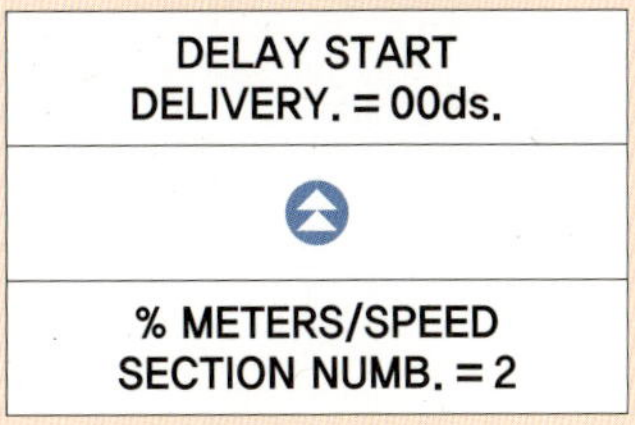

그림 3-22 컨트롤 패널 화면의 기계 지연 조건 입력

(계속)

• 윤활유 펌프 작동 시간 입력
  – PE는 윤활유 펌프가 작동하지 않는 시간(분 단위)을 의미
  – DU는 윤활유 펌프가 작동하는 시간(초 단위)을 의미

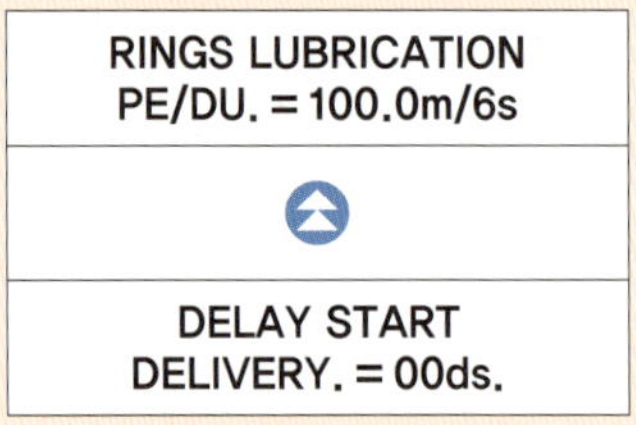

그림 3-23 컨트롤 패널 화면의 윤활유 펌프 작동 시간 입력

(7) 실 거치하기

앞선 작업에서 컨트롤 패널을 사용해서 다양한 합연 조건 설정을 완료하였다면, 합연할 원사를 거치하여 준비하여야 한다.

1. 크릴에 실 거치하기

• 합연하고자 하는 원사가 감긴 지관을 크릴에 거치하기

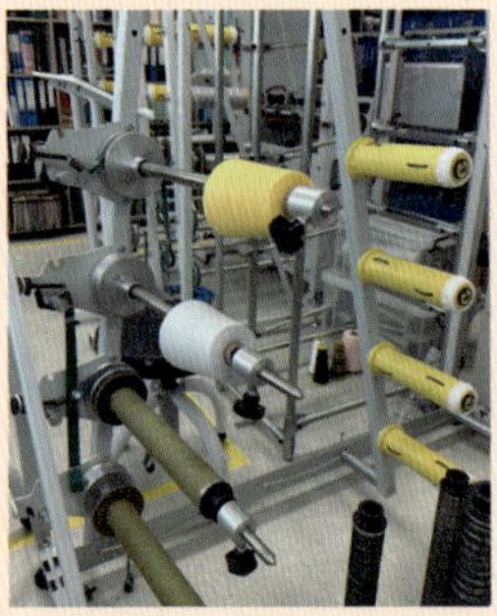

그림 3-24 원사가 거치된 크릴

• 그림 3-25와 같이 거치된 실을 텐션 유지 장치에 통과시켜 빼냄
  (일정량의 장력을 유지하기 위하여 무게추를 올려 장력 조절하기)

(계속)

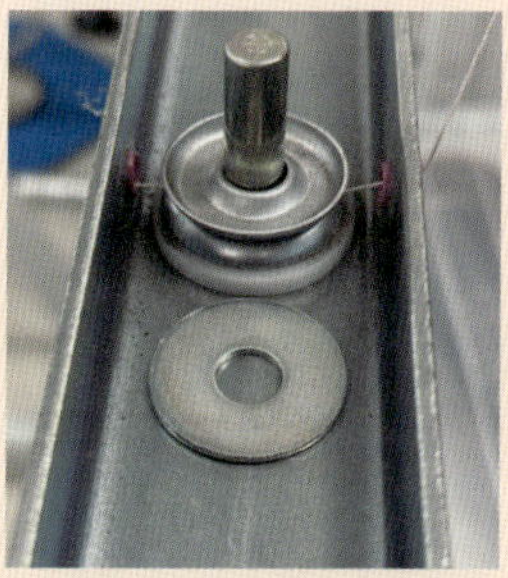

그림 3-25 텐션 유지 장치 및 무게추

- 텐션 유지 장치를 통과해 나온 실은 사절 감지 센서를 통과시켜 빼냄 (이때 반드시 핀을 거쳐 실을 통과시켜야 함)
- 센서 핀이 아래로 떨어지지 않도록 고정대를 이용하여 고정시킴

그림 3-26 사절 감지 센서 및 고정대

2. 롤러에 실 거치하기

- 앞서 사절 감지 센서를 통과한 모든 원사를 하나로 모으기
- 모은 원사를 공급 롤러 가이드로 이동시키기

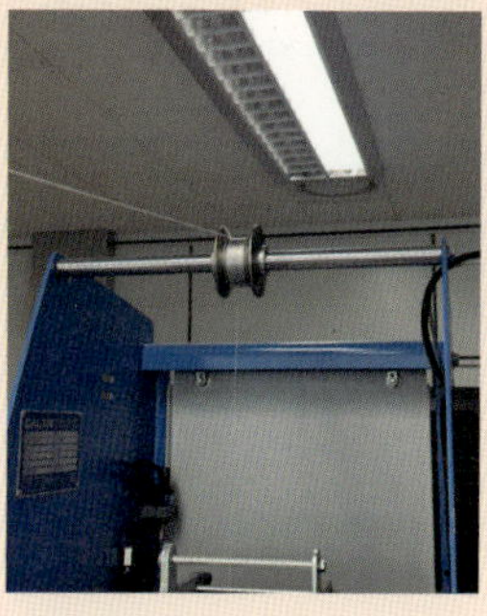

그림 3-27 공급 롤러 가이드

(계속)

- 3개의 공급 롤러에 원사를 S자 모양으로 거치시키기

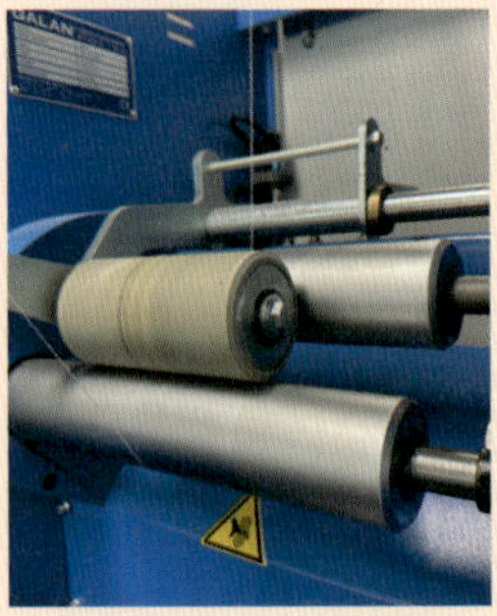

그림 **3-28** 3개의 공급 롤러

- 공급 롤러를 통과한 원사를 사절 감지 센서(분홍색)에 통과시키기

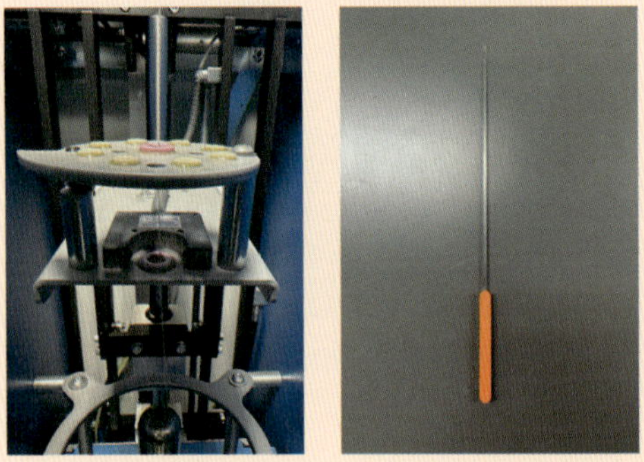

그림 **3-29** 사절 감지 센서를 통과한 원사(좌), 원사 가이드(우)

3. 트래블러를 링레일에 고정하기

- 만들고자 하는 합연사의 조건을 컨트롤 패널을 조작하여 입력하기

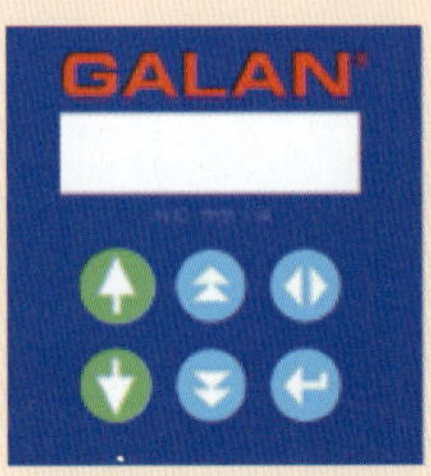

그림 **3-30** 컨트롤 패널

(계속)

- 사용하고자 하는 원사의 굵기를 고려하여 트래블러 선택하기(실의 굵기가 굵을수록 큰 트래블러 선택)

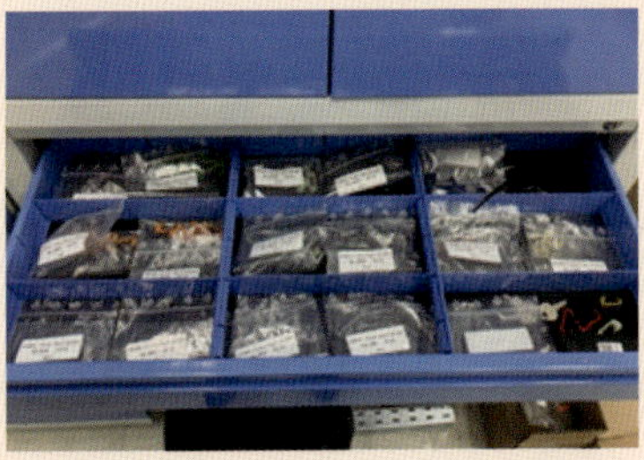

그림 3-31 알맞은 크기의 트래블러 선택

- 트래블러로 합연사를 링레일에 고정하기

그림 3-32 트래블러를 링레일에 고정

3.3 에어 텍스쳐링 장비 구조

본 교재에서 전도사 성형에 사용할 에어 텍스쳐링 장비(DST-60, Ditetze & schell Maschinenfabrik GmbH & Co. KG, Germany)의 기본 구조는 그림 3-33과 같다. 에어 텍스쳐링 장비는 하향식 와인딩 방식이며, 작동 패널(①, operating terminal)은 다양한 텍스쳐링 공정변수를 제어하는 데 사용되고, 신호램프(②, signal lamp)를 통해 장비의 동작이나 상태에 대한 정보를 얻을 수 있다. 롤러는 고무재질로 되어 있어 투입되는 심사와 효과사가 미끄러지는 현상을 최소화할 수 있어 원사 공급량을 균일하게 유지할 수 있다는 장점이 있다. 심사 및 효과사는 롤러를 통해 에어 노즐이 있는 텍스쳐링 유닛(⑥, texturing unit)에 투입되고, 에어 노즐을 통해 공급된 공기에 의하여 투입된 효과사의 형태가 변형된다.

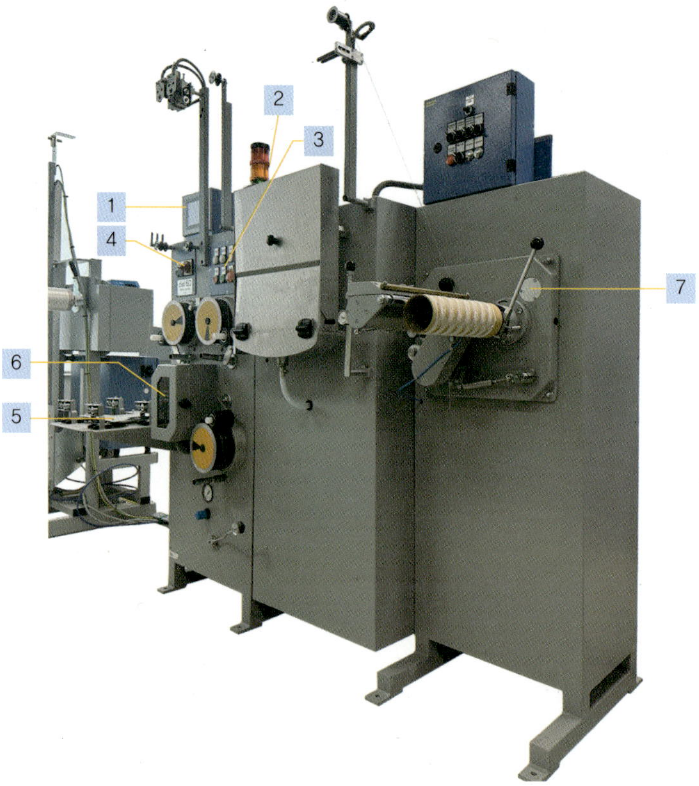

그림 3-33 에어 텍스쳐링 장비(DST-60)의 구조

(1) 신호램프(signal lamp)

텍스쳐링 장비의 동작 및 상태에 따라 점멸되는 3가지 색상(빨강, 노랑, 초록)의 신호램프가 있다. 점등되는 색상에 따라 장비 작동 가능 여부(장비의 온·오프)와 장비의 상태(실 끊어짐, 공기압 부족)를 확인할 수 있다.

램프 색상/상태			의미
OFF	OFF	OFF	기계가 꺼짐
OFF	ON	OFF	기계 정지, 실 끊김 센서 활성화
OFF	OFF	ON	기계가 작동 중
ON	ON	OFF	낮은 또는 위쪽 암 위치, 공기압 오류
OFF	BLINK	OFF	설정된 길이 또는 획득된 직경 최대

그림 3-34 신호램프(좌), 램프 색상별 의미(우)

(2) 메인 스위치 패널(main switch pannel)

장비 전면에는 장비에 전력을 공급하는 메인 스위치 패널과 여러 동작을 제어하는 작동 패널이 있다. 메인 스위치 패널의 빨간색 레버를 돌리면 에어 텍스처링 장비에 전력이 공급되며 메인 전원이 들어온다.

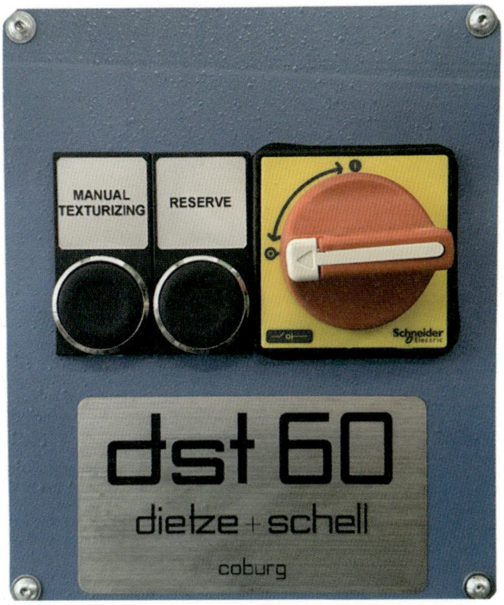

그림 3-35 메인 스위치 패널

작동 패널에는 장비의 준비상태를 확인할 수 있는 신호램프와 에어 텍스처링을 시작하고 정지할 수 있는 동작버튼이 있다.

그림 3-36 작동 패널

표 3-2 작동 패널의 종류 및 기능

제어/표시 버튼	기능
	• 버튼을 누르면 생산과정이 중단됨 • 스핀들 속도는 정지할 때까지 전자적으로 감소
	• 드라이브는 주파수 변환기에 설정된 가속램프를 따름 • 와인딩 드라이브는 댄서 컨트롤에 의해 제어
	• 모든 전기 구동을 중지하고 공압 밸브의 기능을 차단 • 작동 준비 상태를 복원하려면 손잡이를 당겨서 해제. 그 후 초기화 버튼을 눌러 드라이브를 다시 활성화
	• 언 와인더가 켜져 있고 신호화를 사용할 준비가 되어 있음 • 언 와인더가 준비되면 제어 표시등이 켜짐
	• 댄서가 와인딩 시작 준비 위치에 있으면 제어 표시등이 켜짐
	• 수동 텍스쳐링 시작 • 이 모드에서는 와인딩 드라이브가 작동하지 않음

(3) 텍스쳐링 유닛(texturing unit)

텍스쳐링 유닛은 에어 텍스쳐링 공정에서 가장 중요한 부분이다. 심사와 효과사가 고데(godet)를 통해 각각 다른 속도로 젯 박스(jet box)에 투입되고, 젯 박스 내의 에어 노즐을 통해 원사 표면을 성형할 수 있다. godet는 표면이 고무 재질로 되어 있어 실의 움직임을 미끄러짐 없이 세밀하게 제어할 수 있으며, 총 세 종류의 godet가 있다. 심사와 효과사는 각각 input godet와 fancy godet를 통해 젯 박스에 공급되며, 이때 공급 속도는 각각 제어할 수 있다. 또한 에어 텍스쳐링된 결과물은 product godet를 통해 와인더로 전달된다. 회전속도가 너무 빠를 경우에는 원사나 텍스쳐링사가 끊어져 공정이 중단되기 쉬우며, 회전속도가 너무 느릴 경우에는 젯 박스 내에 원사의 뭉침이 발생하기 쉽다. godet의 속도 제어는 텍스쳐링 공정의 결과물에 큰 영향을 주기 때문에 심사와 효과사의 종류에 따라 godet의 회전속도를 적절히 조절하는 것이 매우 중요하다.

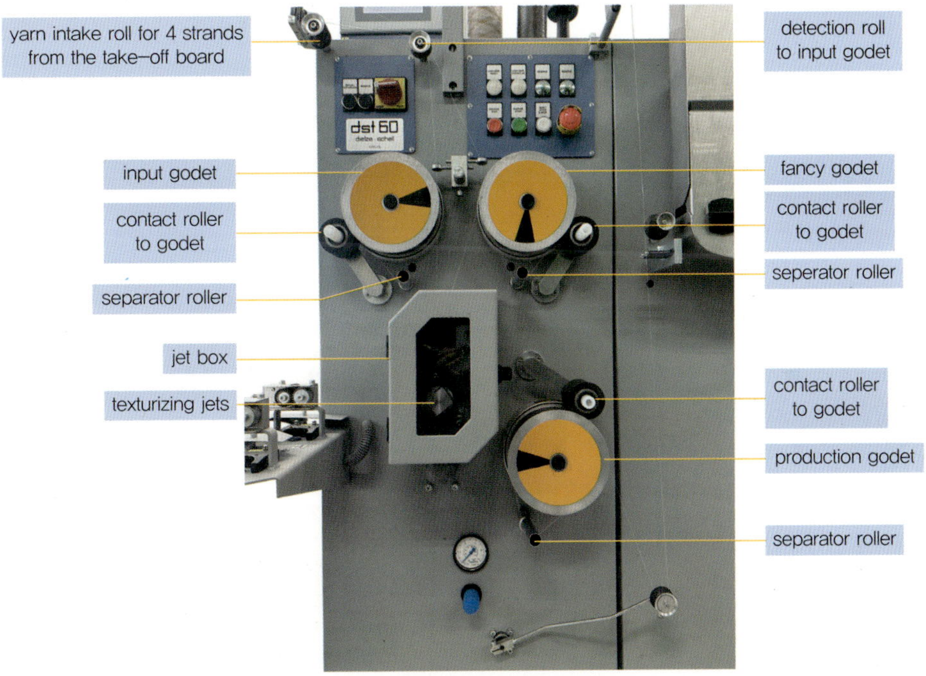

그림 3-37 텍스쳐링 유닛

(4) 댄서 암(dancer arm)과 와인더(winder)

에어 텍스쳐링이 완료된 텍스쳐링사는 product godet를 지나 하단의 댄서 암을 거쳐 와인더로 공급된다. 댄서 암은 텐션 조절 장치로, 텍스쳐링사를 와인더에 일정한 간격으로 공급하는 데 도움을 준다.

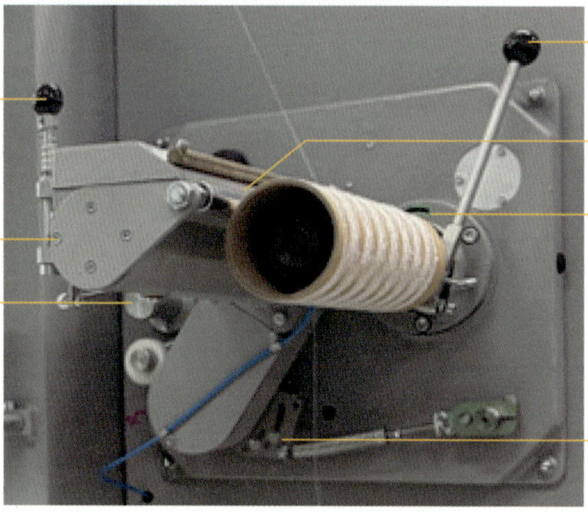

그림 3-38 댄서 암과 와인더

(5) 작동 패널(operating program)

작동 패널은 에어 텍스처링 장비의 설정값을 확인하거나 텍스처링 공정의 다양한 변수를 제어할 때 사용한다. 작동 패널은 설정된 공정변수 및 공정 진행사항 등의 개요를 확인할 수 있는 메인 화면, 다양한 텍스처링 공정변수를 설정할 수 있는 공정변수 화면, 그 수치를 기억할 수 있는 레시피 화면으로 구성된다.

메인 화면

메인 화면의 디스플레이 창에는 설정된 텍스처링 공정변수와 현재 텍스처링 작동에 대한 개요를 확인할 수 있으며, 이 화면에서는 값을 변경할 수 없다. 메인 화면의 좌측에서 6개의 프로그램 버튼을 확인할 수 있고, 활성 버튼은 어두운색으로, 비활성 버튼은 밝은색으로 표시된다.

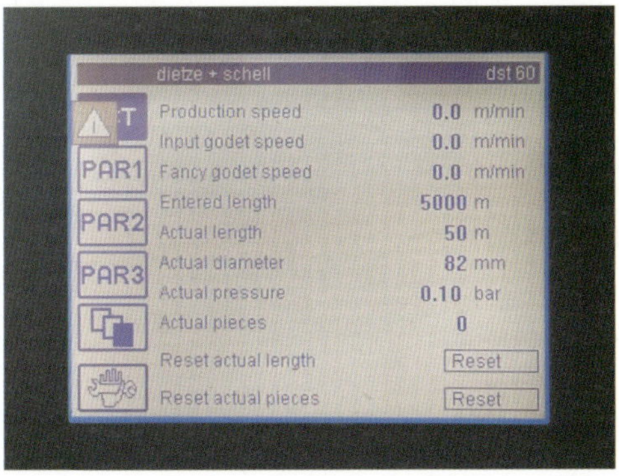

그림 3-39 작동 패널의 메인 화면

표 3-3 메인 화면의 프로그램 버튼 종류

버튼 이미지	버튼 이름	내용
ACT	Actual values	실제 프로세스 값(설정된 공정조건)이 표기됨
PAR1	Parameters 1	1차 기계 매개변수 설정이 화면에 표기됨
PAR2	Parameters 2	2차 기계 매개변수 설정이 화면에 표기됨
PAR3	Parameters 3	3차 기계 매개변수 설정이 화면에 표기됨
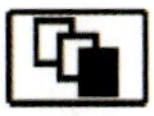	Recipes	레시피 관리 설정이 화면에 표기됨
	Settings	기기 설정과 서비스 메뉴가 화면에 표기됨

공정변수 화면

공정변수 화면에서는 공기압, godet 회전속도 등의 텍스처링 공정변수를 제어할 수 있다. 공정변수는 크게 세 가지 분류로 나눌 수 있으며, 그중에서도 공정변수 1의 항목을 가장 많이 활용한다.

• 공정변수 1(Functional parameter 1)

- Production speed: 기계 생산 속도의 공정변수
- Input godet: Input godet와 Production godet 사이의 속도 비율을 의미하며, 백분율로 입력함. 예를 들어 그림 3-40에 입력된 10%는 Input godet가 Production godet의 회전속도보다 10% 더 높다는 뜻으로, 투입된 심사가 젯 박스에 일정 시간 머무를 수 있음을 의미함
- Fancy godet: Fancy godet와 Production godet 사이의 속도 비율을 의미하며, 백분율로 입력함. 예를 들어 그림 3-40에 입력된 60%는 Fancy godet가 Production godet의 회전속도보다 60% 더 높다는 뜻으로, 투입된 효과사가 젯 박스에 일정 시간 머무를 수 있으며, 앞선 Input godet보다 더 오래 머무름을 의미함

※ 만약 Production speed가 50 m/min, Input godet가 6%, Fancy godet가 20%라면 Input godet 속도는 $50 \times 1.06 = 53$ m/min, Fancy godet 속도는 $50 \times 1.2 = 60$ m/min임

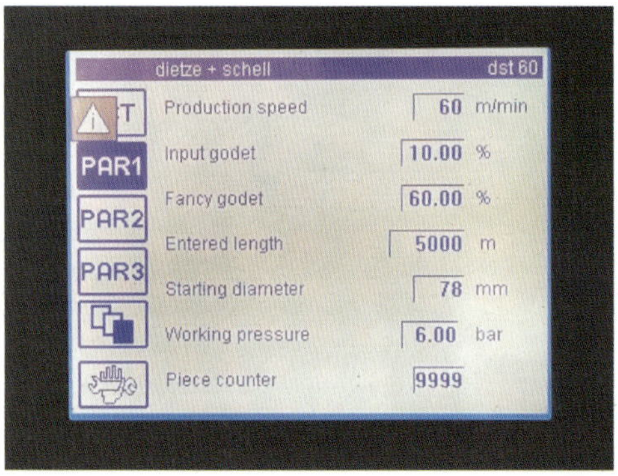

그림 3-40 작동 패널의 공정변수 1 설정 화면

- Entered length: 필요한 패키지 길이의 변수
- Starting diameter: 와인딩 시작 시 지관의 직경을 의미하는 것으로, 일반적으로 지관의 코어 직경 또는 코어리스 와인딩을 사용하는 경우 스핀들 직경을 입력함
- Working pressure: 텍스쳐링 공정 시 사용할 공기압을 설정하는 것으로, 젯 박스 내로 투입될 공기압을 입력함

• 공정변수 2(Functional parameter 2)

- Pressure starting: 비례 밸브의 시작 시간(s)
- Pressure stopping: 비례 밸브의 속도 저하를 중지하는 시간(s)
- Godet starting: godet 회전을 시작하는 데 필요한 시간(s)
- Godet stopping: godet 회전을 정지하는 데 필요한 시간(s)
- Manual pressure: 수동 와인딩 시 비례 밸브가 작동하는 압력(bar)
- Starting level: 공기압 상승 수준(%)
- Stopping level: 공기압 감속 수준(%)

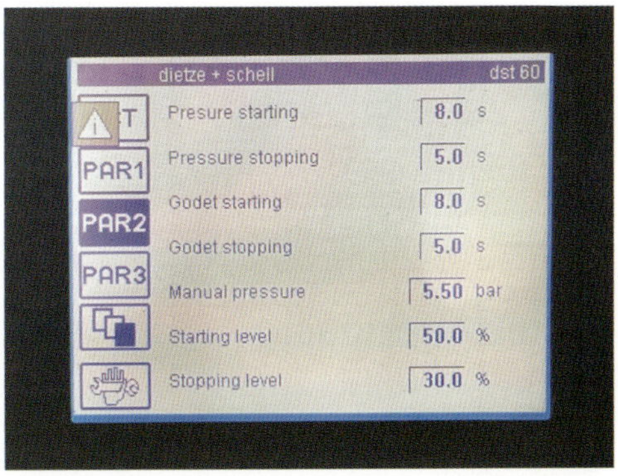

그림 3-41 작동 패널의 공정변수 2 설정 화면

• 공정변수 3(Functional parameter 3)

- Start godet delay: godet 작동 지연시간(ms)
- Stop air delay: 공기압 중단 지연시간(ms)
- Max. diameter: 최대 패키지 직경(mm)

- Arm position: compensatory arm의 필요한 위치(50% = 수평 위치)
- Max. pressure: 최대 압력 편찻값 상한(bar)
- Min. pressure: 최대 압력 편찻값 하한(bar)
- Brake correction: 0~100% 값으로 설정할 수 있음. 새로운 실 길이는 연도 브레이크의 공식에 따라 계산. 길이 = 길이 × (0.5 × 속도 / 60 × 경사시간 × 브레이크 보정 / 100)

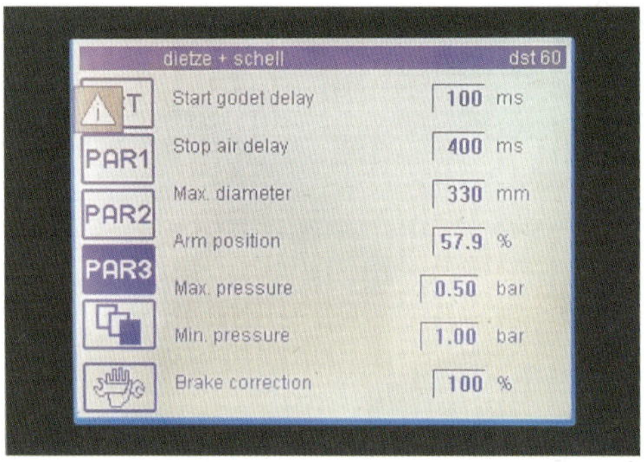

그림 3-42 작동 패널의 공정변수 3 설정 화면

앞선 3가지의 공정변수 화면에서 볼 수 있듯이 공기압과 production godet 회전속도와 관련된 다양한 공정변수를 설정해야 한다. 그림 3-43에는 공기압 및 production godet의 속도를 나타내었다.

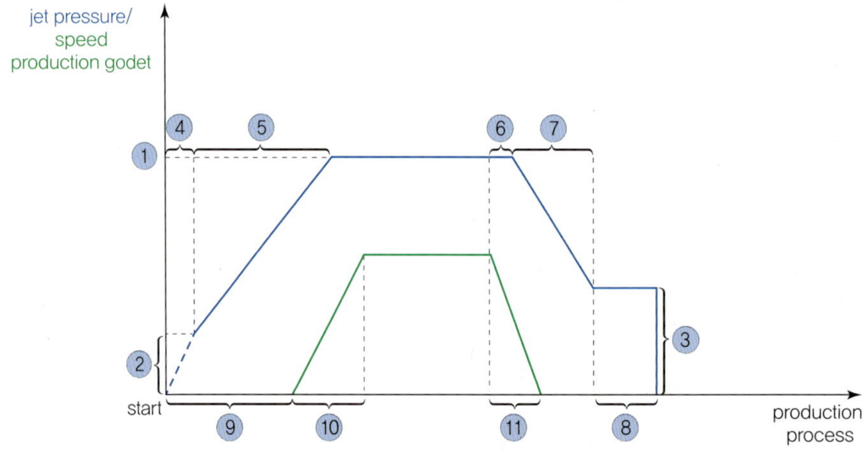

그림 3-43 에어 텍스쳐링 장비의 동작별 공기압 그래프

레시피 화면

레시피 화면은 에어 텍스쳐링 공정에서 사용된 변수와 공정조건들을 공정 패널 내에 저장할 수 있는 공간이다. 모든 레시피는 코드와 레시피 이름으로 정의된다. 레시피 코드는 2개의 기호(숫자 0~9 또는 문자 A~Z 및 그 조합)로 구성되며, 레시피 이름은 최대 8개의 기호로 구성된 문자열이다. 패널 메모리에는 최대 99개의 레시피를 저장할 수 있으며, 각 레시피는 화면에 표시되어 편집이 가능하다.

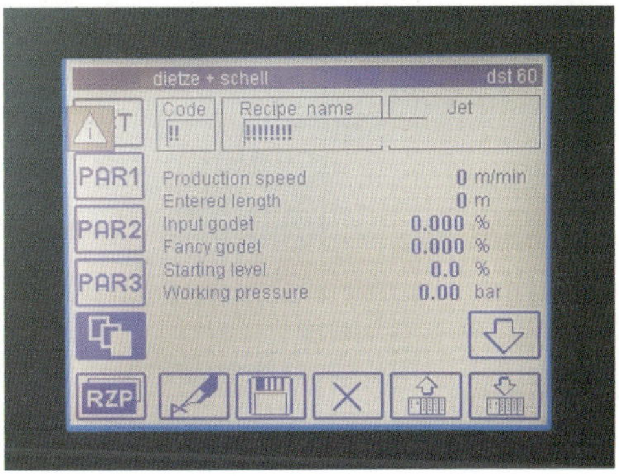

그림 3-44 작동 패널의 레시피 화면

표 3-4 레시피 화면의 프로그램 버튼 종류

버튼 이미지	버튼 이름	내용
	Show	저장된 레시피 목록을 표시함
	Load	통신 PLC A5에서 조작 패널 OP로 레시피를 로드함
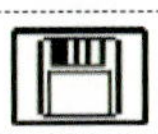	Save	OP H505에 레시피를 저장함
	Delete	OP H505 메모리의 레시피를 삭제함
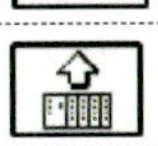	From PLC	정의된 레시피를 PLC에 업로드함
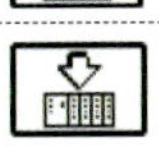	To PLC	정의된 레시피를 PLC로 다운로드함
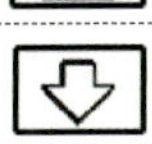	Next	다음 레시피 매개변수 세트를 표시함

메뉴 설정 화면

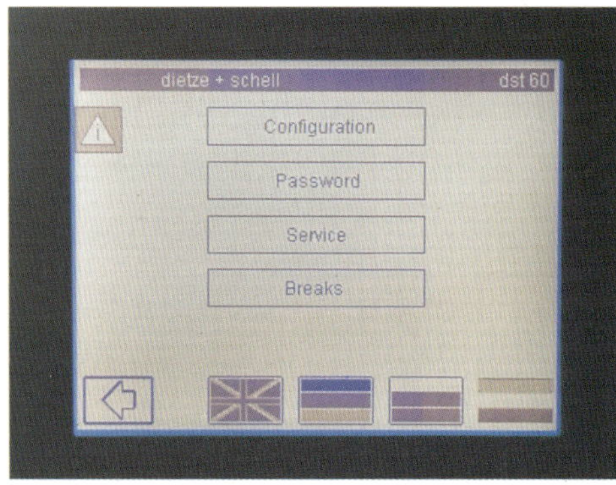

그림 3-45 작동 패널의 메뉴 설정 화면

표 3-5 메뉴 설정 화면의 프로그램 버튼 종류

버튼 이미지	버튼 이름	내용
Configuration	기계 구성 화면	기계 매개변수를 설정함 (임의 변경을 방지하기 위해 비밀번호로 보호)
Password	비밀번호 구성 화면	모든 비밀번호를 변경함 (임의 변경을 방지하기 위해 비밀번호로 보호)
Service	서비스 화면	서비스 목적으로만 사용함 (임의 변경을 방지하기 위해 비밀번호로 보호)
Breaks	단선 화면	모든 실 단선 센서의 활성화/비활성화에 사용함

※ 기기 동작 시 오류가 발생하면 작동 패널에 그림 3-46과 같은 경고 기호가 표시되며, 숫자는 알림의 개수를 의미한다. 삼각형 기호를 클릭하면 경고 메시지와 오류 내용을 확인할 수 있다.

그림 3-46 경고 기호

표 3-6 경고 메시지 종류

경고 메시지	내용
Down position of arm	실 끊김(댄서 암이 아래쪽에 위치함)
Upper position of arm	실 걸림(댄서 암이 위쪽에 위치함)
Yarn brake	하나 이상의 실 끊김 센서가 끊어진 실을 감지함
Piece counter obtained	세트피스 카운터가 설정값에 도달함
Pressure error	기계로 유입되는 공기압이 낮거나 없음
Max. diameter	최대 패키지 직경에 도달함
Yarn length obtained	패키지의 설정된 실 길이에 도달함

3.4 에어 텍스쳐링 장비 구동법

에어 텍스쳐링 장비를 구동하기 위해서는 공기압 준비하기, 심사 준비하기, 효과사 준비하기, 텍스쳐링사 와인딩 준비하기, 공정변수 조절하기의 순서로 진행해야 한다.

1. 공기압 준비하기

- 에어 텍스쳐링기에 연결된 에어 컴프레셔를 가동하고, 냉각기와 건조기의 스위치를 켬
- 에어 텍스쳐링기의 전원 스위치를 돌려 장비의 전원을 인가하고 언와인더 암의 스위치를 켬

그림 3-47 냉각기(좌), 건조기(우)

(계속)

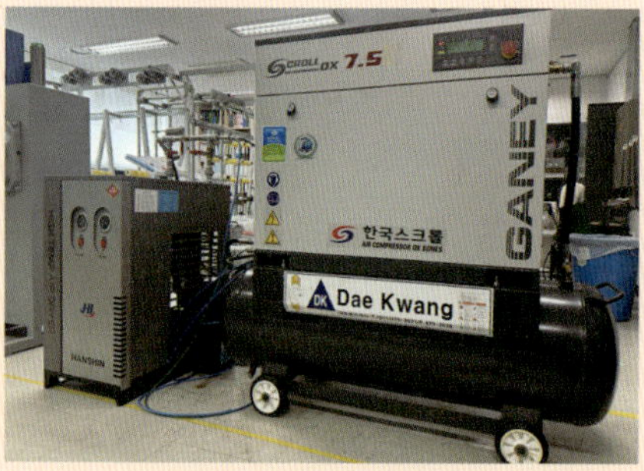

그림 **3-48** 에어 컴프레셔

2. 심사 준비하기

- 심사는 언와인더를 통해 지관에 감겨 있는 실이 텍스쳐링 유닛으로 투입됨
  ① 언와인더에 지관 삽입 시 실이 풀리는 방향을 반시계 방향으로 장착
  ② 하단의 댄서 암에 실 거치 시 안쪽에서 바깥쪽으로 나오도록 걸침
  ③ 충분한 장력을 유지한 채로 상단의 가이드에 걸고 텍스쳐링 유닛으로 투입

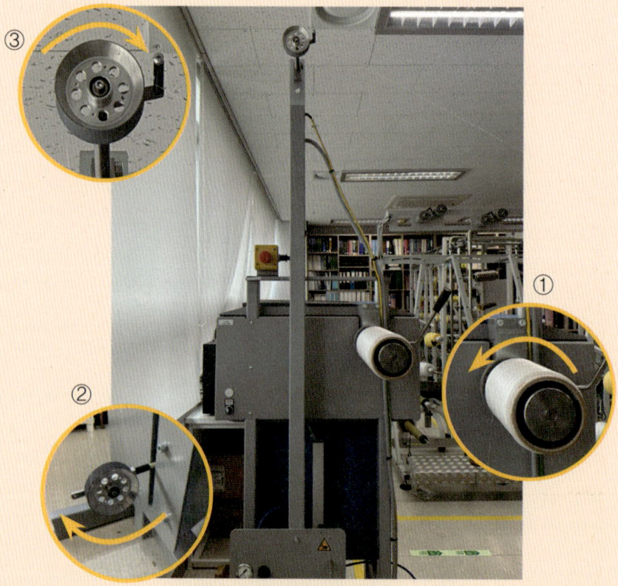

그림 **3-49** 언와인더에 심사 거치하기

(계속)

• 심사는 그림 3-50과 같은 경로로 젯 박스에 투입됨

① 가이드 B(deflection roll to input godet)에 걸친 후 왼쪽 훅에 통과시킴

② 통과시킨 실은 롤러 A(input godet)와 롤러 가이드(separator roller)에 시계 방향으로 두 번 이상 권취함

③ 젯 박스의 왼쪽 구멍으로 실을 통과시킴

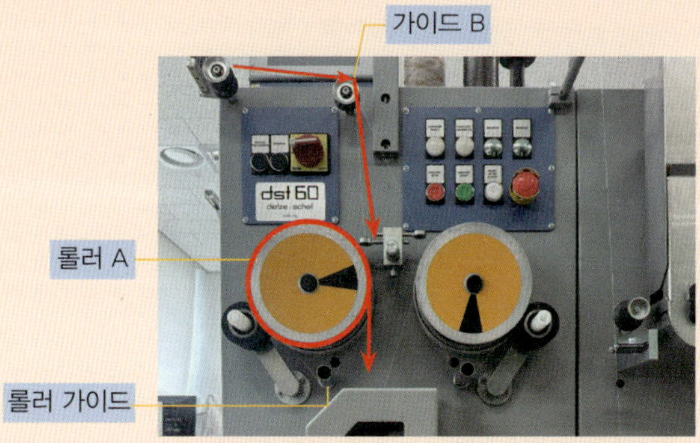

그림 3-50 텍스쳐링 유닛의 심사 이동경로

3. 효과사 준비하기

• 효과사는 해사판(take-off board)을 통해 텍스쳐링 유닛으로 투입됨

① 해사판 아래에 효과사가 감긴 지관을 위치시킴

② 효과사를 풀어 해사판의 사절 감지 센서에 통과시킴

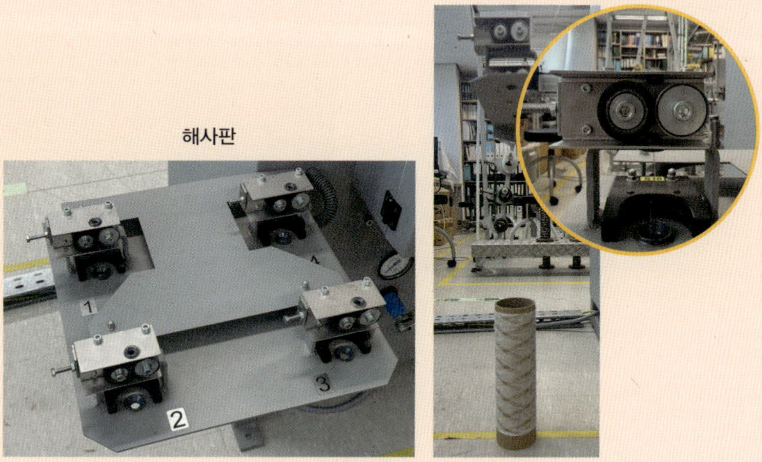

그림 3-51 해사판에 효과사 거치하기

(계속)

- 효과사는 그림 3-52와 같은 경로로 젯 박스에 투입됨
  ① 가이드 A(yarn intake roll)와 가이드 B에 걸친 후 오른쪽 훅에 통과시킴
  ② 통과시킨 실은 롤러 B(fancy godet)와 롤러 가이드에 시계 방향으로 두 번 이상 권취함
  ③ 젯 박스의 오른쪽 구멍으로 실을 통과시킴

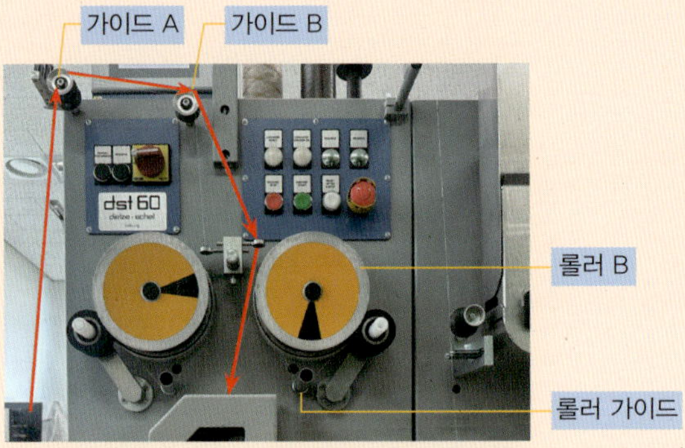

그림 3-52 텍스쳐링 유닛의 효과사 이동경로

※ 심사와 효과사는 언와인더 및 해사판 대신에 텍스쳐링 유닛 상단의 크릴에 거치하여 바로 공급될 수도 있음

그림 3-53 크릴(좌), 텍스쳐링 유닛(우)

4. 텍스쳐링사 와인딩 준비하기

- 젯 박스를 통과한 텍스쳐링사는 댄서 암, 가이드, 와인더를 통해 지관에 감겨 완성됨
- 와인더에 지관 삽입하기

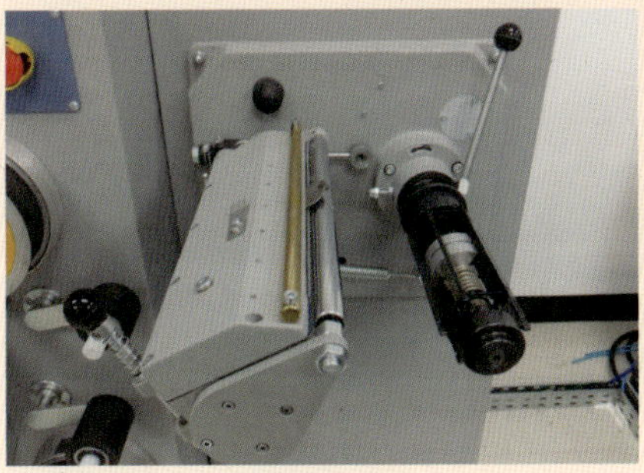

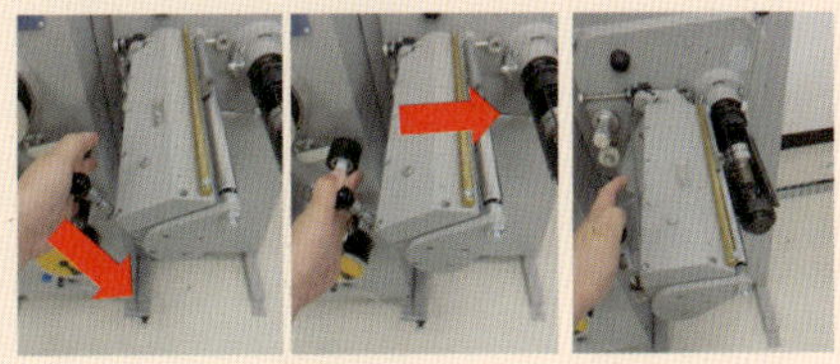

- **핸들(swivel arm) 작동방법**
  ① 핸들을 누름
  ② 지관 기둥(mandrel) 방향으로 밀어냄

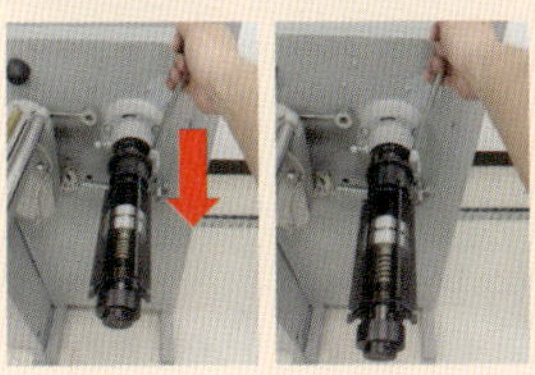

- **핸들(swivel arm) 작동방법**
  ① 레버를 몸 쪽으로 당김
  ② 레버를 당긴 상태에서 지관 삽입
  ③ 레버를 원위치시킴

그림 3-54 와인더에 지관을 연결하는 방법

- 와인더에 텍스쳐링사 거치하기
  ① 롤러 C(production godet)와 가이드에 시계 방향으로 두 번 이상 권취함
  ② 댄서 암에 반시계 방향으로 실을 걸친 후 텐션을 유지한 채로 위로 당김
  ③ 본체 상단의 가이드 C에 걸침

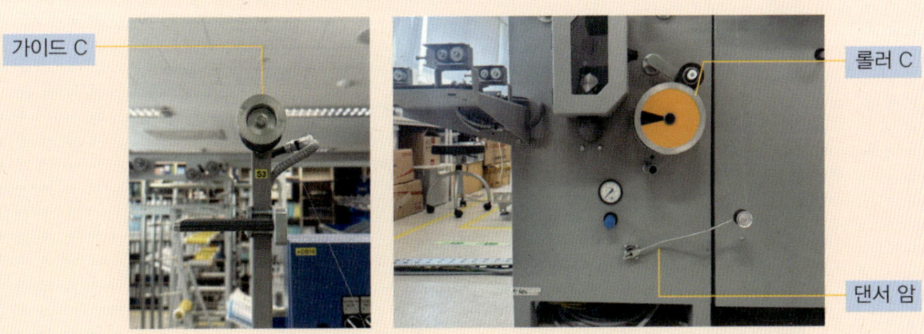

그림 3-55 와인더에 텍스쳐링사를 연결하는 방법

  ④ 상단 가이드 C로부터 내려온 실을 지관에 반시계 방향으로 권취함(정지마찰력으로 인해 지관에서 풀리지 않을 정도로)

(계속)

⑤ 핸들을 내린 후, 그다음 실을 와인딩 트래버스로 통과시킴

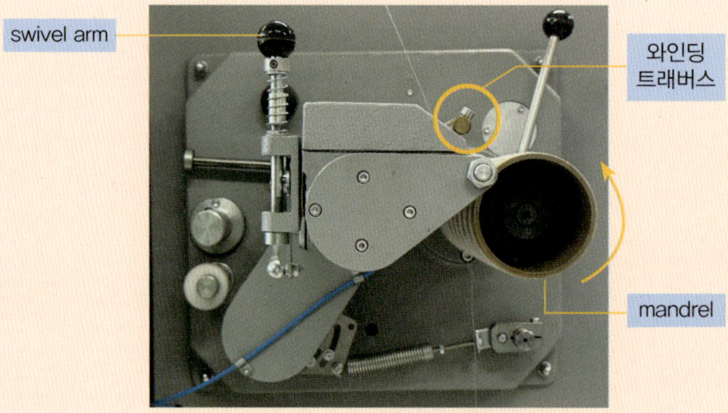

그림 3-56 지관이 삽입된 와인더

5. 공정변수 조절하기

- 심사와 효과사의 종류에 따라서 다양한 공정변수를 조절해 주어야 함

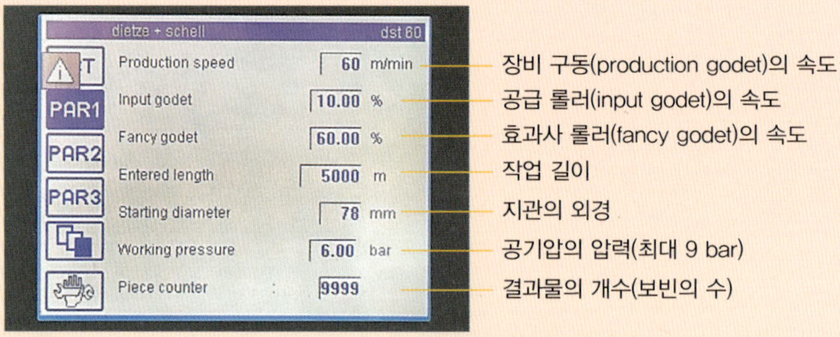

그림 3-57 공정변수 1 메뉴 종류와 내용

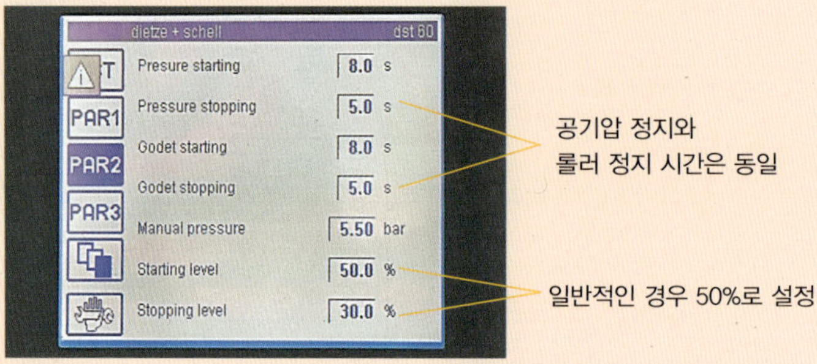

그림 3-58 공정변수 2 메뉴 종류와 내용

(계속)

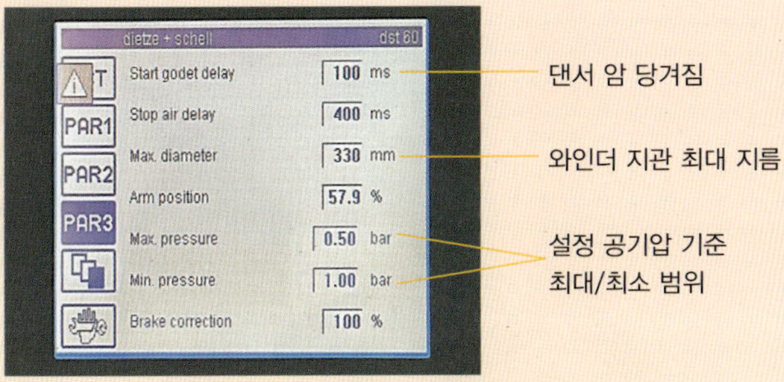

그림 3-59 공정변수 3 메뉴 종류와 내용

3.5 합연 장비를 활용한 전도사 제작

이번 절에서는 합연기를 이용하여 비전도사와 전도사를 함께 꼬아 합연 전도사를 제작하고자 한다. 합연 전도사 제작에 필요한 재료로는 실(비전도사와 전도사), 보빈, 크릴, 원사 가이드, 트래일러 등이 있다. 표 3-7과 같이 비전도사 1-ply와 전도성 원사 1-ply를 함께 가연하였으며, 공정변수는 꼬임수와 꼬임방향이 서로 다른 전도사 4종을 제조하였다. 제작한 전도사는 광학현미경과 멀티미터로 분석하였다.

표 3-7 합연 전도사 제조에 사용된 공정변수

<table>
<tr><th>샘플번호</th><th>꼬임방향</th><th>꼬임수(tpm)</th></tr>
<tr><td>#1–1</td><td rowspan="2">S</td><td>250</td></tr>
<tr><td>#1–2</td><td>500</td></tr>
<tr><td>#2–1</td><td rowspan="2">Z</td><td>250</td></tr>
<tr><td>#2–2</td><td>500</td></tr>
</table>

그림 3-60 꼬임방향별 합연사의 모폴로지

광학현미경은 대물렌즈와 접안렌즈에 의해 결정되는 배율로, 육안으로 확인할 수 없는 작은 물질을 확대하여 관찰하는 장치이다. 전도사를 광학현미경으로 관찰할 경우, 실의 가닥수나 꼬임방향과 같은 형태를 정밀하게 관찰할 수 있다. 또한 2D 계측 툴을 사용할 경우, 두 점 사이의 간격을 계산하여 꼬임수 계측이 가능하다.

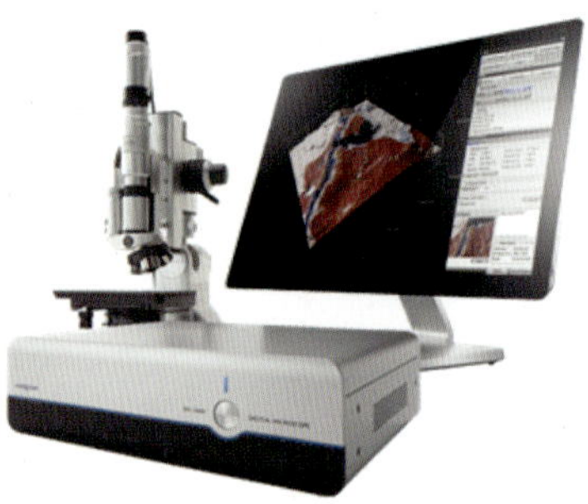

(a) 광학현미경

(b) 합연 전도사 이미지

그림 3-61 광학현미경을 통한 모폴로지 분석

광학현미경을 통한 모폴로지 분석

- 꼬임방향 분석
  - 현미경 이미지에서 확인할 수 있듯이 1차 꼬임으로 S꼬임을 준 후 2차 꼬임을 동일하게 S꼬임을 주게 되면 실이 쉽게 풀려 꼬임과 형태를 유지하지 못하는 것을 확인할 수 있음

(계속)

- 그에 비해 1차에서 S꼬임을, 2차에서 반대로 Z꼬임을 준 경우에는 풀리는 힘이 반대로 작용하여 실이 그 형태를 잘 유지하는 것을 확인할 수 있어, 꼬임의 방향이 실의 제작에 매우 중요함을 알 수 있음

(a) #1-1 샘플　　(b) #2-1 샘플

그림 3-62 합연 전도사 샘플의 광학현미경 이미지

전기적 저항(electrical resistance)이란, 도체에서 전류의 흐름을 방해하는 정도를 나타내는 물리량을 말한다. 일반적으로 전기적 저항은 옴의 법칙(Ohm's law)에 의해 전압(V) / 전류(I) 값으로 계산되며, 단위는 옴(Ohm, Ω)으로 나타낸다. 이때 저항값은 물질 자체의 비저항(ρ), 전류가 흐르는 면적(A), 길이(L)에 의해 결정되며, $R = \rho(L / A)$ 식으로 나타낼 수 있고, 비저항이 클수록, 길이가 길수록, 면적이 작을수록 저항값이 증가한다. 다음은 멀티미터의 두 개의 팁을 사용하여 전도사의 저항을 측정한 것이다.

그림 3-63 멀티미터 부속품

멀티미터를 통한 전기적 특성 분석

- 선저항 측정
  - 꼬임수에 따른 단위 길이당 저항값의 변화를 측정하기 위해 그림 3-64와 같이 제작한 합연 전도사 1 m의 저항값을 디지털 멀티미터를 이용하여 측정함
  - 그림 3-64의 오른쪽 분석 결과를 보면 꼬임수가 증가할 경우 단위 길이당 저항값이 증가하는 것을 확인할 수 있는데, 이는 꼬임수가 증가하면 단위 길이에 더 많은 양의 전도사가 들어가기 때문임
  - 더 많은 양의 전도사가 들어가게 되면 전체 길이(L)가 증가하게 되고, 이로 인해 전체 저항값이 증가하는 것을 확인함

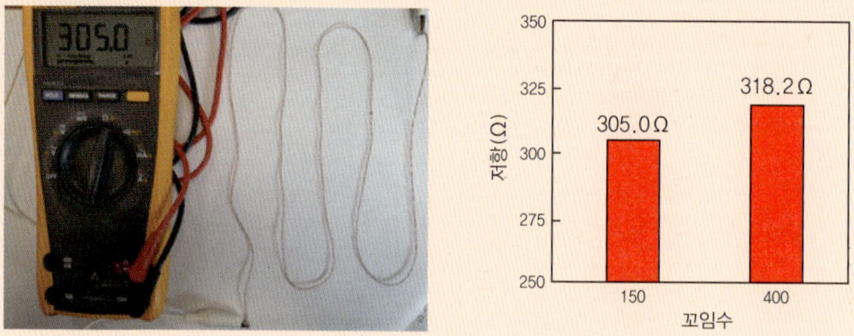

그림 3-64 선저항 측정(좌), 저항값(우)

MEMO

CHAPTER

04

전도사를 활용한 전자섬유 제품의 제작 실습

4.1 텍스타일형 LED 구동 회로 설계 및 브로치 제작
4.2 위빙룸을 이용한 전도성 텍스타일 및 LED 북마크 제작
4.3 자수 기법을 적용한 근전도 측정용 레깅스 제작

전도사는 일반적인 의류에 적용되는 원사와 동일하게 봉제, 제직, 편직, 자수 등이 가능하고, 유연하고 착용성이 우수하다는 장점이 있다. 이에 그 자체로도 센서나 전극으로 활용 가능할 뿐만 아니라, 의류 내 센서나 전자부품을 연결하는 전선이나 회로로 대체 가능하다는 장점이 있다.

본 장에서는 3장에서 합연 및 에어 텍스쳐링 공정으로 제조한 전도사를 활용하여 전자부품 연결 및 구동을 위한 회로 설계, 전도성 텍스타일 제작, 텍스타일 센서 및 전극 제작 실습을 해보고자 한다.

4.1 텍스타일형 LED 구동 회로 설계 및 브로치 제작

스마트 의류는 전통적인 의류에 마이크로프로세서(Microprocessor, 통합회로) 등의 전자 장치를 부착하여 빛, 소리, 움직임 등의 변화를 디자인 요소로 활용한 것을 말한다. 의류에 적용할 수 있는 전자 장치 중 가장 쉽게 프로토타입 제작에 활용할 수 있는 것으로는 오픈소스 소프트웨어인 아두이노(Arduino) 계열의 장치인 릴리패드 아두이노(Lilypad Arduino)가 있다. 릴리패드는 웨어러블 디자인과 스마트 직물에 적용하기 위해 만들어진 마이크로프로세서로, PCB 보드가 작고 두께가 얇으며 유연하게 움직이는 직물 위에 사용하는 것을 염두에 두고 만든 장치이다.

이에 본 장에서는 합연 및 텍스쳐링 장비를 이용하여 제작한 전도사를 사용하여 릴리패드 아두이노 및 LED를 연결하는 회로의 용도로 적용해 보고자 한다. 기본적인 회로의 개념을 이해하고 회로를 설계한 후, 핸드 스티치를 이용하여 직접 회로를 연결하고 LED를 구동하고자 한다.

(1) 전기 회로와 전류

텍스타일형 LED 구동 회로를 설계하기에 앞서, 전기 회로와 전류에 대하여 간략하게 알아보고자 한다. 전기 회로란 전지, 전구, 전선 등의 여러 가지 전기 부품을 서로 연결하여 전기가 흐를 수 있게 만든 것이며, 전류는 전기 회로에서 흐르는 전기를 말한다. 전기 회로에서 전류는 전지의 (+)극에서 나와 전지의 (-)극으로 흐른다. 따라서 회로 설계 및 연결 시에 릴리패드 아두이노와 LED의 같은 극을 연결시켜 주도록 한다.

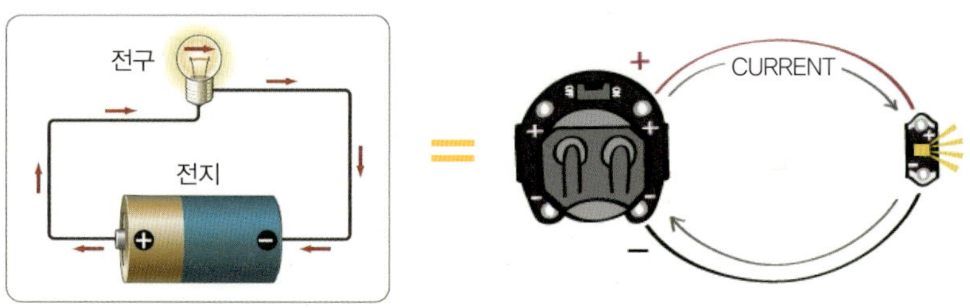

그림 4-1 전기 회로와 전류

(출처: 좌 – https://terms.naver.com/entry.nhn?docId=3558629&ref=y&cid=58598&categoryId=58719,
우 – http://sewelectric.org/diy-projects/bookmark-book-light/understanding-your-circuit)

(2) 도체와 부도체

도체는 전기 또는 열에 대한 저항이 매우 작아 전기나 열을 잘 전달하는 물체로 은, 구리, 알루미늄 등이 있다. 이는 전도체라고 일컫기도 한다. 이와 반대로 부도체는 전기 또는 열에 대한 저항이 매우 커서 전기나 열을 잘 전달하지 못하는 물체로 종이, 나무, 유리, 고무 등이 있다. 본 실습에서 사용되는 재료에서의 도체는 그림 4-2와 같다.

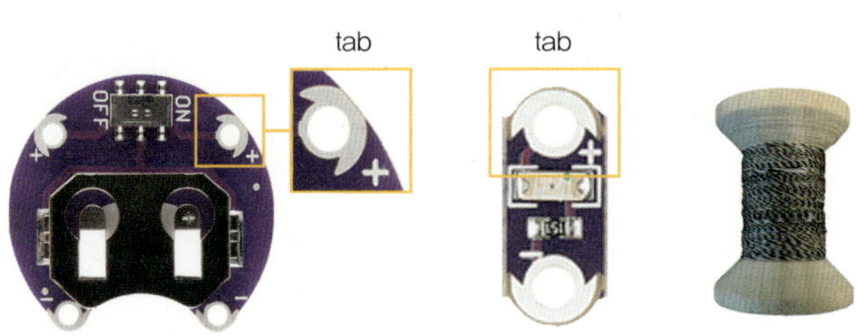

(a) 배터리 홀더 (b) LED (c) 전도사

그림 4-2 실습에 사용되는 도체

(3) 스마트 봉제 실습

텍스타일형 LED 구동을 위해, 기본적인 회로를 설계하는 방법과 전도사를 활용하여 스티칭하는 방법을 실습하고자 한다.

STEP 1) 재료 선정하기

① 전기적 재료

스마트 봉제 실습에서 사용될 전기적 재료는 그림 4-3과 같다. 코인셀 배터리를 넣을 수 있고 ON/OFF 기능이 있는 배터리 홀더, 지름 20 mm 및 두께 3.2 mm 및 3V 전압의 코인셀 배터리, 양쪽 봉제가 가능한 tab이 있는 발광 다이오드 LED, 그리고 봉제가 가능한 전도사를 준비한다.

(a) 배터리 홀더 (b) 코인셀 배터리 (c) LED (d) 전도사

그림 **4-3** 스마트 봉제 실습에 사용되는 전기적 재료

② 도구

핸드 스티치를 위해 전도사와 모듈을 연결시키기 위한 바늘, 시작과 마무리 매듭의 고정을 위한 목공풀, 원단 재단을 위한 가위를 준비한다.

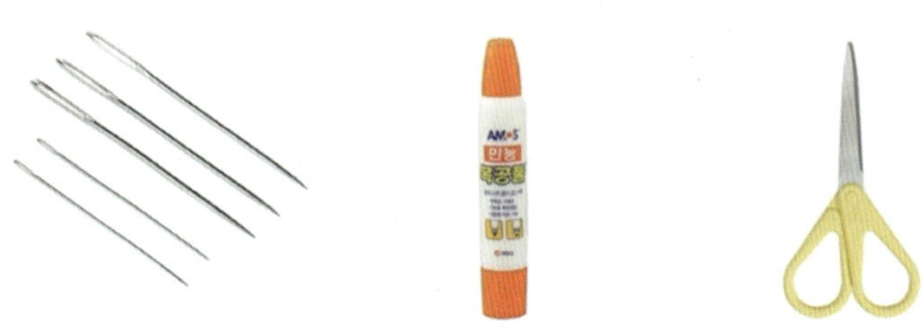

(a) 바늘 (b) 목공풀 (c) 가위

그림 **4-4** 스마트 봉제 실습에 사용되는 도구

③ 텍스타일

목적에 맞는 사용원단을 선정한다. 본 실습에서는 LED 점등 연습을 목적으로 스마트 봉제 실습을 하고자 하므로, 이에 필요한 펠트 직물을 준비한다.

그림 4-5 스마트 봉제 실습에 사용되는 텍스타일

STEP 2) 회로도 구상하기

모듈을 연결하기 위해 모듈 부착위치를 선정하고, 이에 맞는 회로도를 구상한다. 기재 직물 위에 배치가 완료되면 구상된 회로도에 따라 초크로 가이드라인을 그린다.

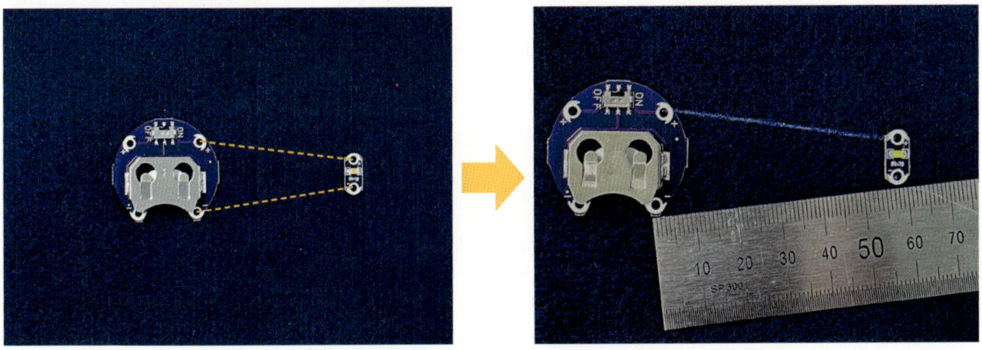

그림 4-6 모듈 부착위치 선정 및 회로도 구상하기(좌), 가이드라인 그리기(우)

STEP 3) 시작 매듭짓기

전도사가 겹치면서 발생하는 스파크를 방지하기 위해 시작 매듭은 다음과 같은 순서에 따라 만들어준다.

① 원단의 뒷면에 바늘로 약 2 mm 뜨기

② 10 mm를 남겨 두고 바늘 통과시키기

③ 남은 실 기준 왼쪽으로 고리 만들기

④ 고리 왼쪽에서 바늘 통과시키기

⑤ 위 ①에서 바늘이 통과한 부분 오른쪽으로 한 땀 뜨기

⑥ 바늘을 통과시켜 매듭짓기

※ 모듈과 가까운 위치에서 시작 매듭을 지을 것

※ 전도사가 엉키지 않도록 깔끔하게 매듭을 지을 것

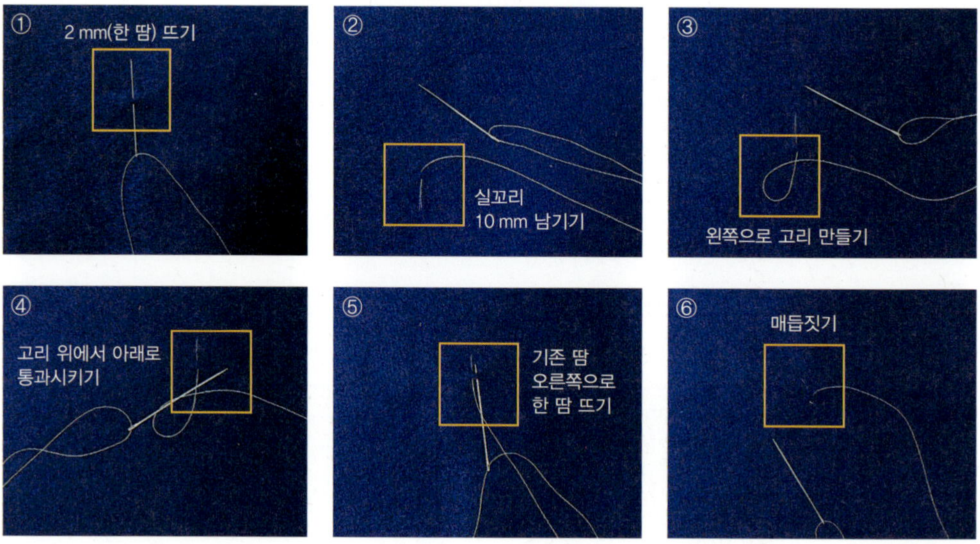

그림 4-7 시작 매듭짓기

STEP 4) 배터리 홀더 고정시키기

배터리 홀더를 고정시키기 위해 버튼홀 스티치를 사용하여 tab 부위를 고정시킨다. 먼저 배터리 홀더의 (-) tab을 고정시켜 보도록 한다. (-) tab에 바늘을 통과시키고 바늘로 모듈 바깥쪽 부분을 통과시킨다. 이때 느슨하게 고정되지 않도록 3~5회 정도 단단하게 반복하여 고정시키도록 한다. 또한 다른 tab에 있는 전도사와 닿지 않도록 주의한다.

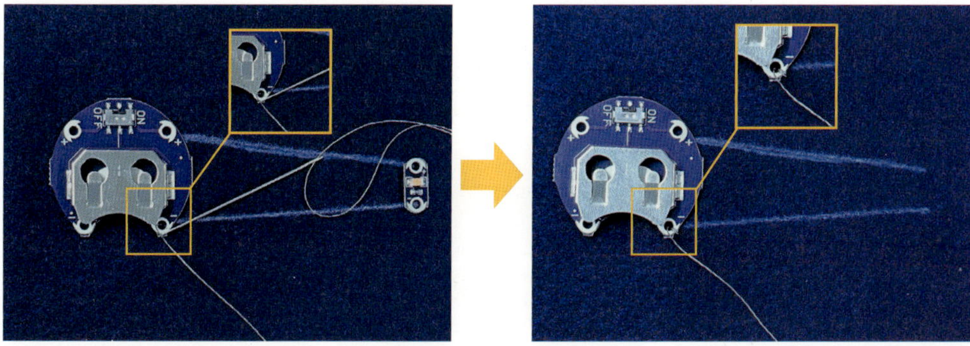

그림 **4-8** 배터리 홀더 고정시키기

STEP 5) LED 연결을 위한 홈질 및 (-) tab 고정시키기

앞서 구상한 회로도에서 배터리 홀더의 (-) tab과 LED의 (-) tab을 연결하도록 설계하였으므로, 이에 초크선을 따라서 2 mm 스티치 크기로 LED의 (-) tab까지 홈질한 후, 동일한 방법으로 원단에 고정시킨다.

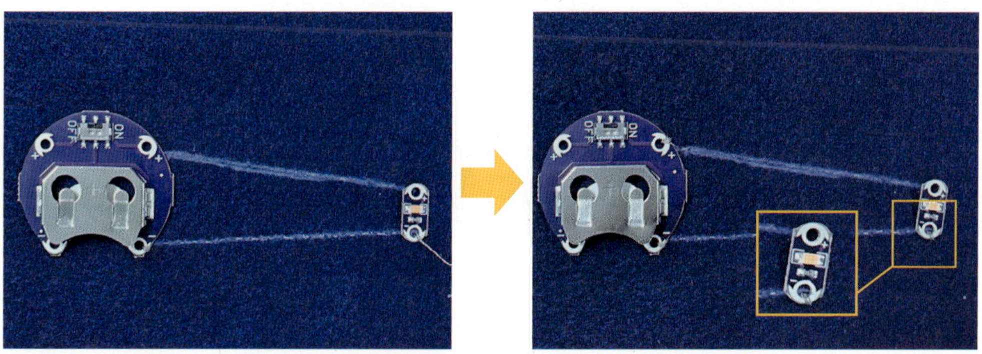

그림 **4-9** LED 연결을 위한 홈질(좌), LED (–) tab 고정시키기(우)

STEP 6) LED (-) tab 마무리 매듭짓기

LED의 (-) tab까지 연결한 후, 원단 뒷면에서 다음과 같은 순서로 마무리 매듭을 짓는다.

① LED의 (-) tab을 세 번 감아서 생긴 스티치에 바늘 끼우기

② 스티치에 바늘을 통과시켜서 고리 만들기

③ 고리 오른쪽에서 바늘 통과시키기

④ 바늘을 통과시켜 매듭짓기

⑤ 약 2 mm 정도 남기고 가위로 전도사 정리하기

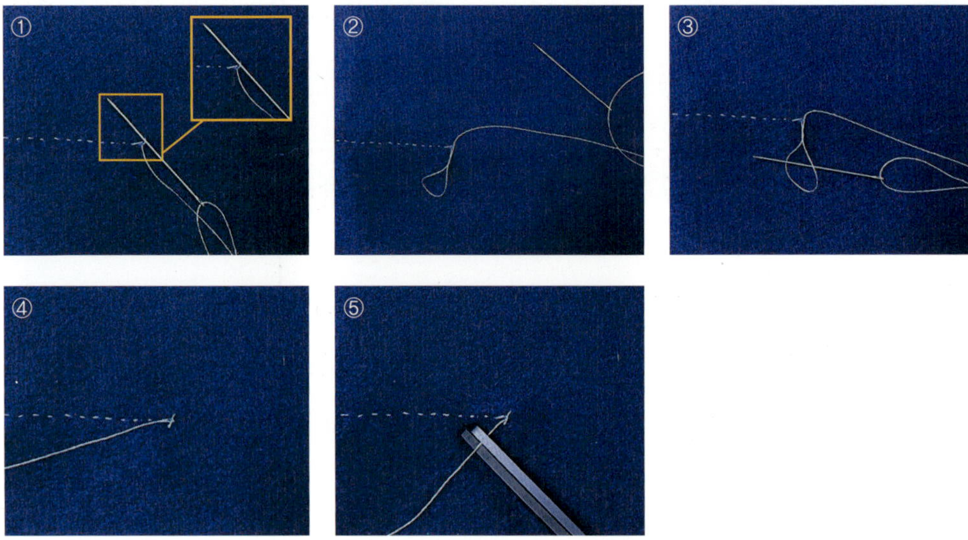

그림 **4-10** LED (−) tab 마무리 매듭짓기

STEP 7) 배터리 홀더와 LED (+) tab 연결하기

위와 동일한 방법으로 나머지 모듈들의 (+) tab을 연결한다. 이때 (+)극과 (-)극에 연결한 전도사가 닿을 경우 스파크가 발생하므로 닿지 않도록 주의한다. 모듈이 모두 연결되고 나면 원단 뒷면에서 전도사를 최대한 짧게 자르고 목공풀로 고정시켜 마무리한다.

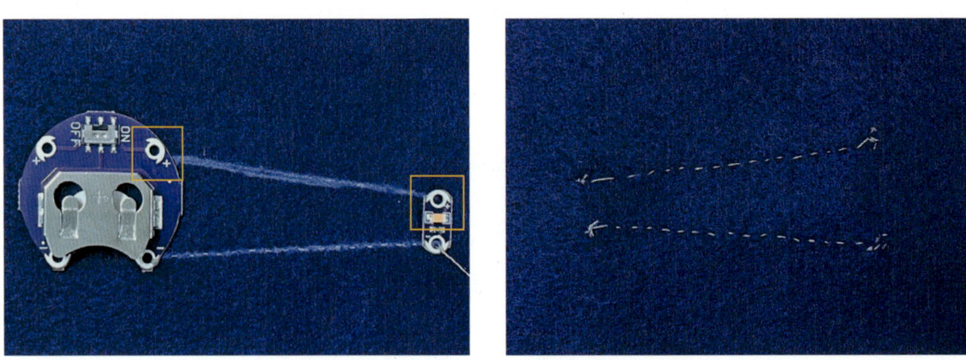

그림 **4-11** LED (+) tab 연결하기(좌), 원단 뒷면(우)

STEP 8) 최종 완성 및 LED 작동 확인하기

스위치를 ON하여 LED 작동 여부를 확인한다.

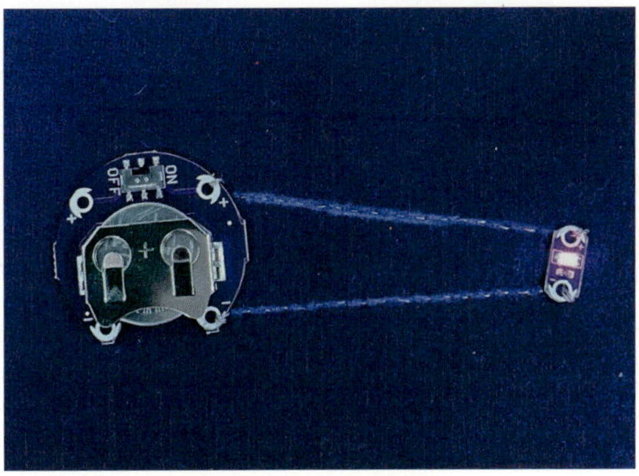

그림 **4-12** LED 작동 확인하기

(4) LED 브로치 제작 실습

앞서 연습한 스마트 봉제 실습을 바탕으로 LED 브로치를 만들어보고자 한다. 원하는 형태의 브로치를 디자인하고 LED 위치에 맞는 회로를 설계하여 최종 제품을 완성해 보자.

STEP 1) 브로치 디자인 구상 및 재료 선정하기

꽃 모양의 브로치를 만들기 위해 아이디어를 구상하고, 용도에 맞게 필요한 재료를 선정한다.

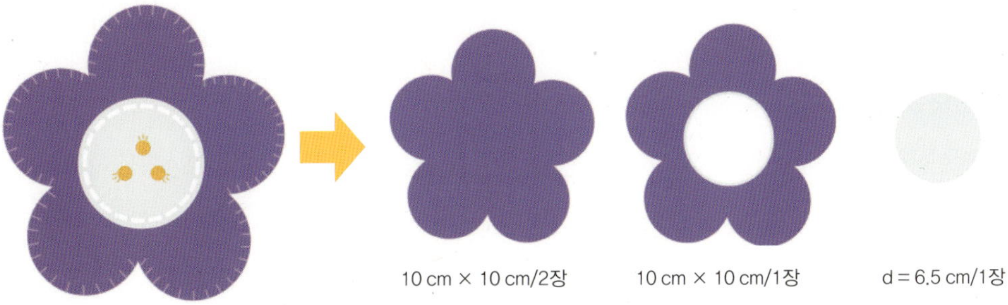

그림 **4-13** 디자인 구상하기

모듈로는 배터리 홀더 1개, 코인셀 배터리 1개, LED 3개, 전도사를 준비한다.

(a) 배터리 홀더　　(b) 코인셀 배터리　　(c) LED × 3개　　(d) 전도사

그림 4-14 브로치 제작에 사용되는 재료

STEP 2) 디자인에 맞게 회로도 스케치하기

디자인에 따라 배터리 홀더와 LED의 위치를 배치하여 회로도를 먼저 스케치한다. 이때 배터리 홀더와 LED의 (+)는 (+)끼리, (-)는 (-)끼리 연결될 수 있도록 모듈을 배치하고, 각 회로선이 겹치지 않도록 주의한다.

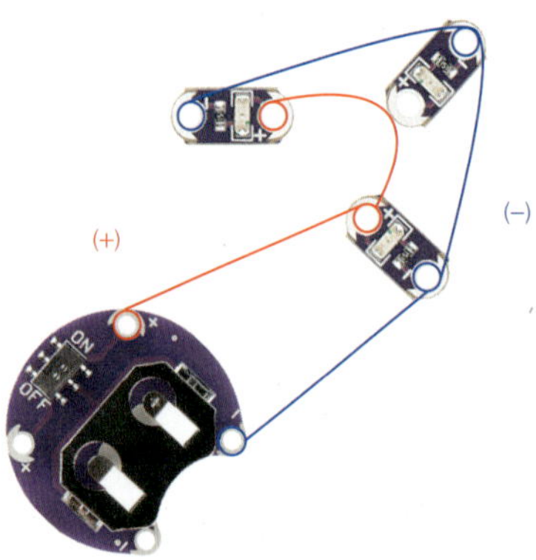

그림 4-15 회로도 구상하기

그림 4-16 회로도 배치하기

STEP 3) 원단 재단 및 모듈 배치하기

선정한 원단을 디자인에 맞게 재단한다. 본 디자인은 모듈이 내장된 형태이므로, 재단된 3장의 원단 중 아래에 위치할 원단에 앞서 스케치한 회로도와 동일하게 모듈을 배치한다. 이때 핸드 스티치 시 모듈이 원단에서 움직이지 않게 하기 위해 목공풀 또는 양면테이프로 고정시킨다.

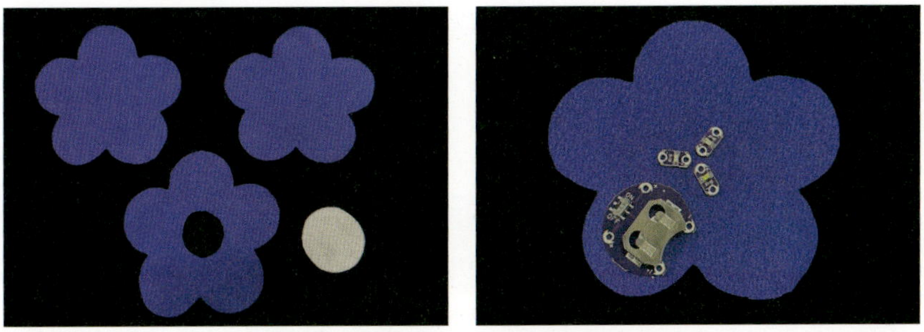

그림 4-17 원단 재단(좌), 모듈 배치하기(우)

STEP 4) 회로도 설계 및 핸드 스티치하기

앞서 실습한 스마트 봉제 실습 방법과 동일하게 전도사를 이용하여 배터리 홀더와 LED의 (+)는 (+)끼리, (-)는 (-)끼리 연결한다. 이때 각각의 tab 부분은 세 번 감아 고

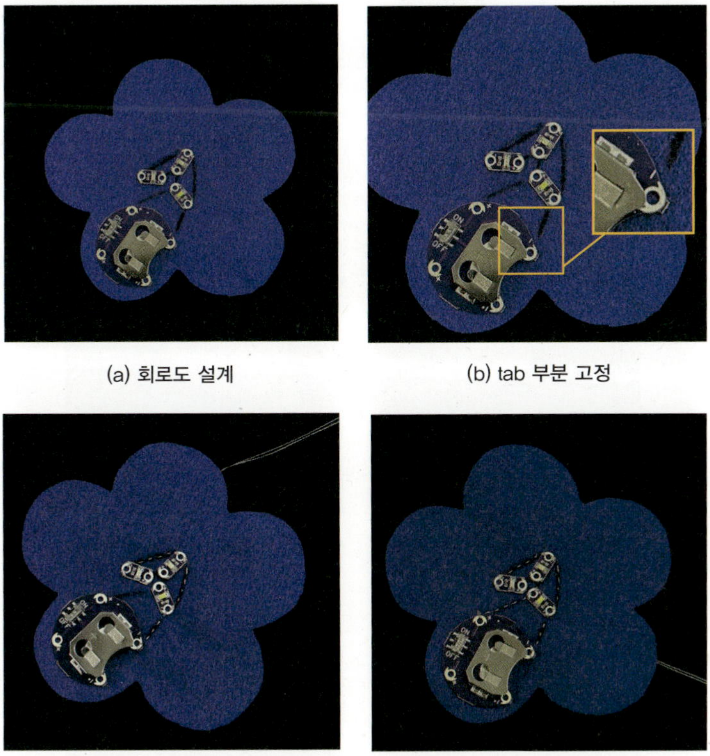

(a) 회로도 설계

(b) tab 부분 고정

(c) (−) tab 연결

(d) (+) tab 연결

그림 4-18 전도사로 모듈 고정 및 회로선 스티칭하기

정시키고, 각 회로선이 겹치지 않도록 홈질로 스티칭한다. 처음과 마지막 땀은 목공풀로 고정한다.

STEP 5) 꾸미기 및 LED 홀과 배터리 삽입구 만들기

디자인 도안과 동일하게 위에 위치할 원단의 꽃잎 형태를 완성시킨다. 이때 LED 점등이 육안으로 잘 확인될 수 있도록 해당 부분에 홀을 만들어준다. 또한 코인셀 배터리의 경우 교체가 필요하므로 해당 부위에 슬릿을 만들어준다.

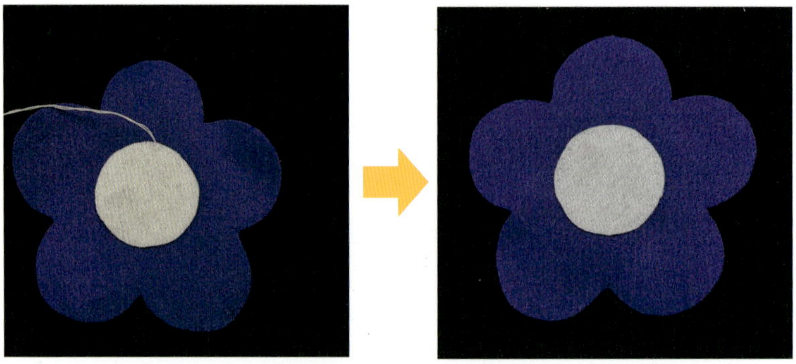

그림 4-19 앞판 꾸미기

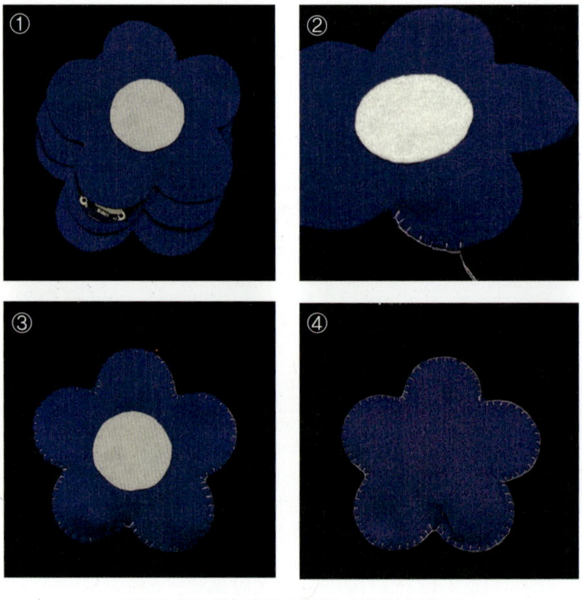

그림 4-20 LED 홀과 배터리 삽입구 만들기

STEP 6) 최종 완성 및 LED 작동 확인하기

최종적으로 두 장을 겹쳐 외부 스티치로 브로치를 완성한다. 배터리 삽입구를 통해 코인셀 배터리를 배터리 홀더에 삽입한 후, ON을 하여 LED 작동 여부를 확인한다.

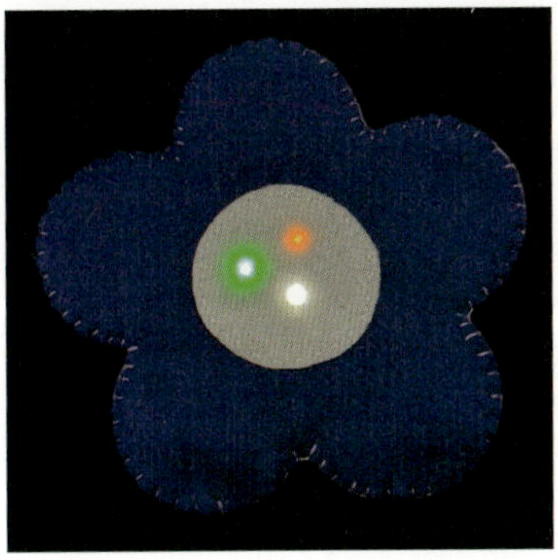

그림 **4-21** LED 브로치 작동 확인하기

4.2 위빙룸을 이용한 전도성 텍스타일 및 LED 북마크 제작

일반적으로 전도성 텍스타일은 제직 시에 경사 또는 위사에 전도사를 삽입하여 직접 구조 내에 포함시키거나, 전도사로 직물 위에 자수하여 부분적으로 전도성을 구현할 수 있다. 이렇게 제조된 전도성 텍스타일은 넓은 범위에서 전기적 신호의 센싱(sensing), 에너지 하베스팅(energy harvesting), 커넥팅(connecting) 등의 구현을 한다. 본 절에서는 위빙룸을 활용하여 합연 및 텍스쳐링 공정을 통해 제조된 전도사와 다양한 색상의 면사로 전도성 텍스타일을 제조하고자 한다. 제조된 전도성 텍스타일과 릴리패드 아두이노를 결합하여 LED 북마크를 제작해 보자.

(1) 위빙룸을 이용한 전도성 텍스타일 제작하기

소형의 위빙룸 DIY를 이용하여 용도에 맞는 전도성 텍스타일을 설계하고 제작해 보자.

STEP 1) 전도성 텍스타일 디자인 설계하기

최종 용도를 설정하고, 이에 맞는 텍스타일 디자인을 설계한다. 본 실습에서는 LED가 ON/OFF 되는 북마크를 제작하기 위한 설계를 진행하였다. LED의 (+), (-)와 배터리 홀더의 (+), (-)를 연결하기 위해 전극이 2개가 되도록 설계하고자 했으며, 북마크 내에 모듈들이 배치되는 것을 고려하여 가로 × 세로 길이가 5 cm × 10 cm가 될 수 있도록 날실은 12줄, 씨실은 81줄이 되도록 하였다. 디자인에 따라 날실은 1종, 씨실은 3종의 실을 사용하도록 설계했다.

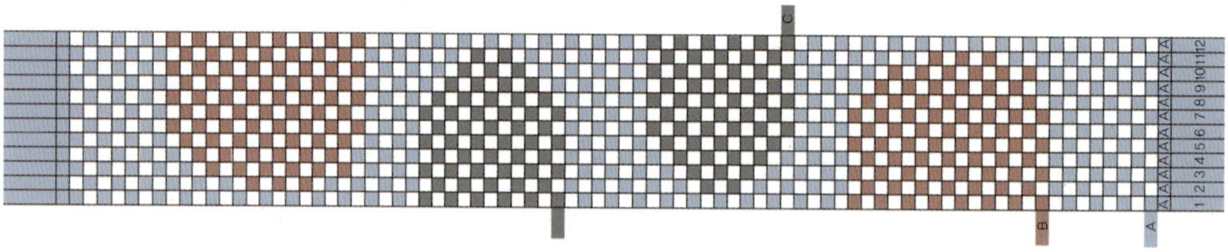

그림 4-22 전도성 텍스타일 디자인 설계하기

STEP 2) LED 북마크 제작을 위한 재료 선정하기

본 실습에서는 LED 북마크를 위빙으로 제작하고자 위빙틀, 북, 바디, 돗바늘을 준비하고, (+)와 (-)를 연결할 수 있는 전극 2개가 있는 디자인을 설계하기 위해 날실로는 면사, 씨실로는 램스울털실 색상별 2종과 합연으로 제조된 전도사를 사용하였다. 이때 합연으로 제조된 전도사는 필라멘트사를 사용하였기 때문에 위빙틀에 걸기에는 섬도가 얇으므로, 150D를 6합수로 만들어 준비한다. 이외 배터리 홀더, 코인셀 배터리, LED, 바늘, 가위 등을 준비한다.

위빙룸 DIY를 준비하고, 이를 이용하여 설계한 도안을 바탕으로 전도성 텍스타일

(a) 배터리 홀더 (b) 코인셀 배터리 (c) LED × 1개 (d) 전도사

(e) 날실용 12합 면사 (f) 씨실용 램스울털실 (g) 바늘 (h) 돗바늘

(i) 위빙틀 (j) 북 × 2개 (k) 바디 (l) 가위

그림 **4-23** LED 북마크 제작에 사용되는 재료

을 제직한다. 제직에 사용한 위빙룸 DIY는 세로틀 1, 가로틀 2, 북 2, 날실용 12합 면사로 구성된 제품(스튜디오 지음, 한국)이다. 설계된 도안으로는 2개의 램스울털실과 1개의 전도사가 씨실로 필요하므로, 2개의 씨실은 북을 사용하고 1개의 씨실은 돗바늘을 준비하여 위빙에 사용하였다.

STEP 3) 위빙틀 조립하기

세로틀 위아래에 가로틀을 끼워 위빙틀을 완성한다. 이때 깊은 물결 부분이 뒤쪽으로 가도록 조립한다.

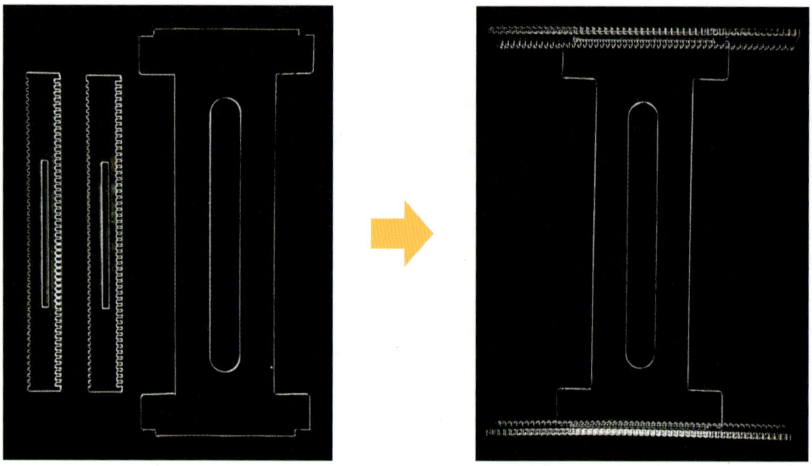

그림 **4-24** 위빙틀 조립하기

STEP 4) 경사 시작 매듭짓기

경사 걸기 전, 세로틀이 있는 부분에서는 날실을 걸 수 없으므로 세로틀을 벗어난 곳에서 홈에 맞추어서 풀리지 않게 두 번 정도 묶어서 시작 매듭을 짓는다.

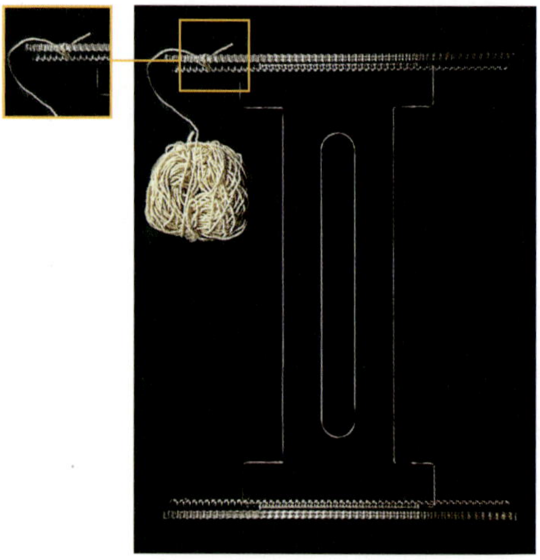

그림 **4-25** 경사 시작 매듭짓기

STEP 5) 경사 걸기

시작 매듭 옆 깊은 물결 쪽으로 날실을 걸고, 얕은 물결에 걸친 후 수직방향으로 아래로 내린다. 밑으로 한 번 더 내려서 깊은 물결에 걸고, 동일한 방법으로 총 12가닥이 되도록 건다.

※ 적당한 텐션을 유지하면서 걸어준다.

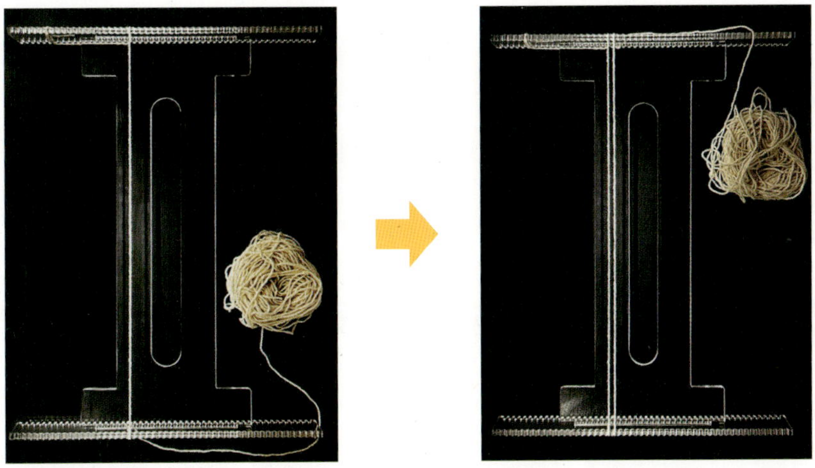

그림 **4-26** 경사 걸기

STEP 6) 경사 마무리 매듭짓기

세로틀 중간에서 끝이 난 경우, 깊은 물결에 걸쳐서 이동시킨 후 세로틀을 벗어난 위치에서 시작과 동일하게 풀리지 않도록 두 번 정도 묶어서 마무리 매듭을 짓는다.

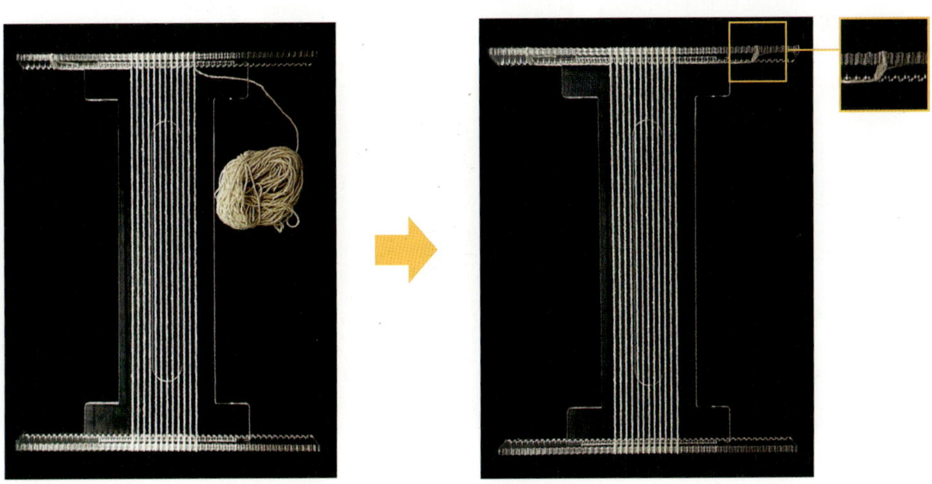

그림 **4-27** 경사 마무리 매듭짓기

STEP 7) 씨실 8자 감기

사용하고자 하는 실(A실, B실)과 북 2개를 준비한다. 실 끝을 10 cm 정도 북에 올려 두고 실걸이 부분에 오른쪽으로 한 바퀴 감는다. 북날을 세우고 실을 왼쪽 앞쪽에서 오른쪽 뒤쪽 방향으로 향하게 실걸이 사이로 넣는다. 동일한 방법으로 오른쪽 감기를 충분히 한 후, 반대 방향으로 감는다. 북을 돌려서 비어 있는 쪽 북날을 세우고 실을 오른쪽 앞쪽에서 왼쪽 뒤쪽 방향으로 향하게 실걸이 사이로 넣어 감는다.

※ 전도사는 돗바늘을 이용한다.

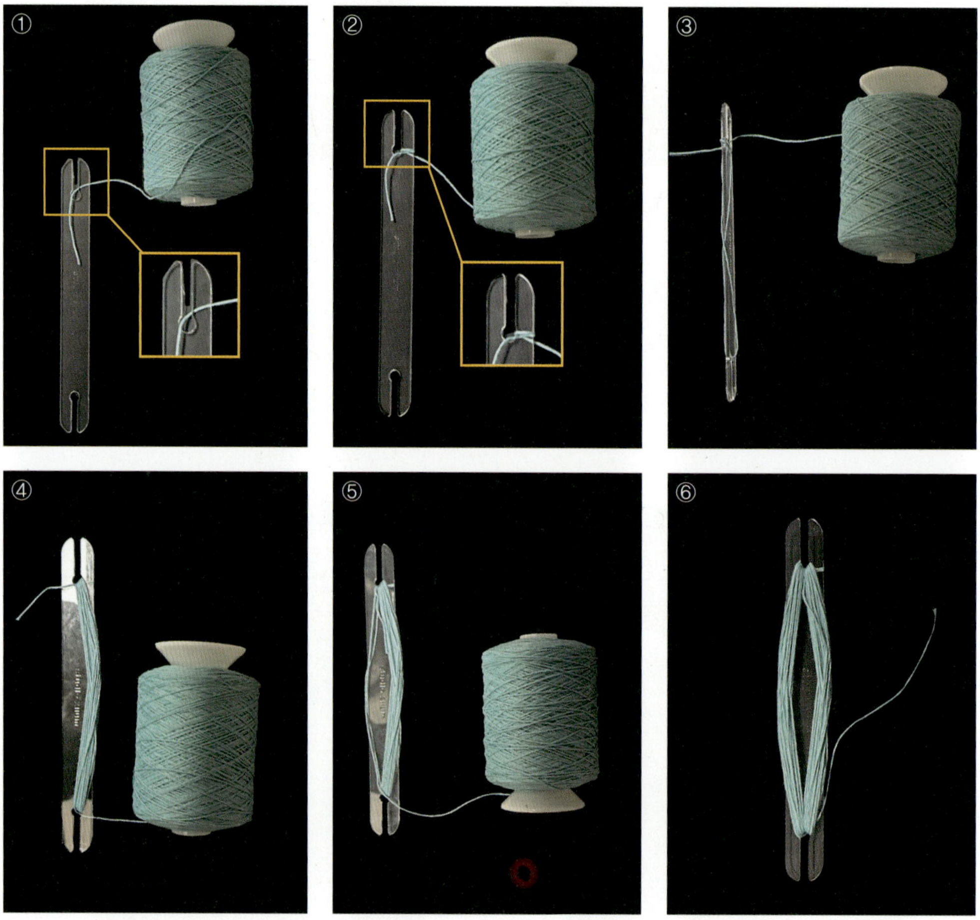

그림 4-28 씨실 8자 감기

STEP 8) 매듭용 여유분 실 남기기

양매듭 묶기로 북마크를 마무리하기 위해 매듭을 묶을 여분의 실을 남기고자 A4 용지나 빳빳한 종이를 틀 아래쪽에 끼운다.

그림 **4-29** A4 용지 또는 빳빳한 종이를 틀 아래쪽에 끼우기

STEP 9) 씨실 넣기

도안에 지정된 색상으로 감은 북을 이용하여 왼쪽에서 오른쪽으로 실을 넣는다. 한 줄 이동이 끝나면 바디를 이용하여 A4 용지가 있는 곳까지 내려서 잘 정리한다.

※ 실꼬리는 날실 두 가닥을 지나 사이로 넣어 정리한다.

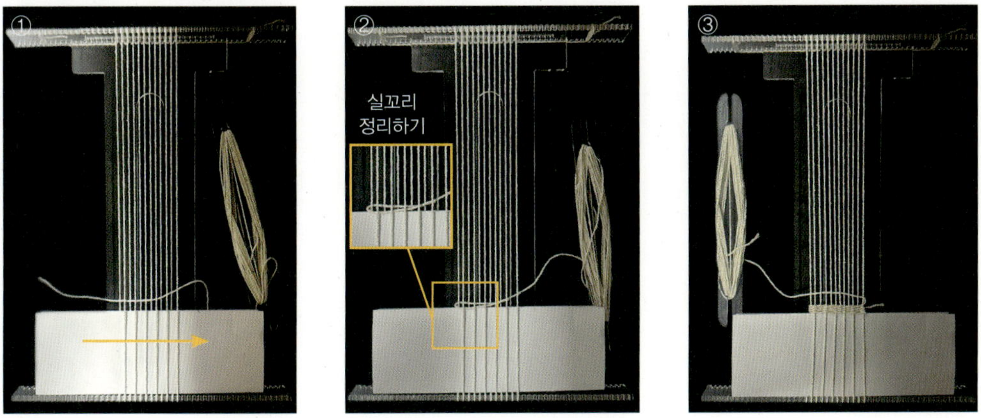

그림 **4-30** A 씨실 넣기

STEP 10) 씨실 색상 바꾸기

먼저 사용하던 실(A실)의 북은 그대로 둔 채로, 도안의 방향대로 바꾸려고 하는 실(B실)의 북을 넣는다. 이때 실꼬리는 10 cm 정도 남겨 두고 A실에 감싸서 정리한다. 이후 앞에서 진행한 것과 동일하게, 남은 실꼬리는 날실 두 가닥을 지나 사이로 넣어 정리한다. C실로 변경 시에도 동일한 방법을 사용하여 진행한다.

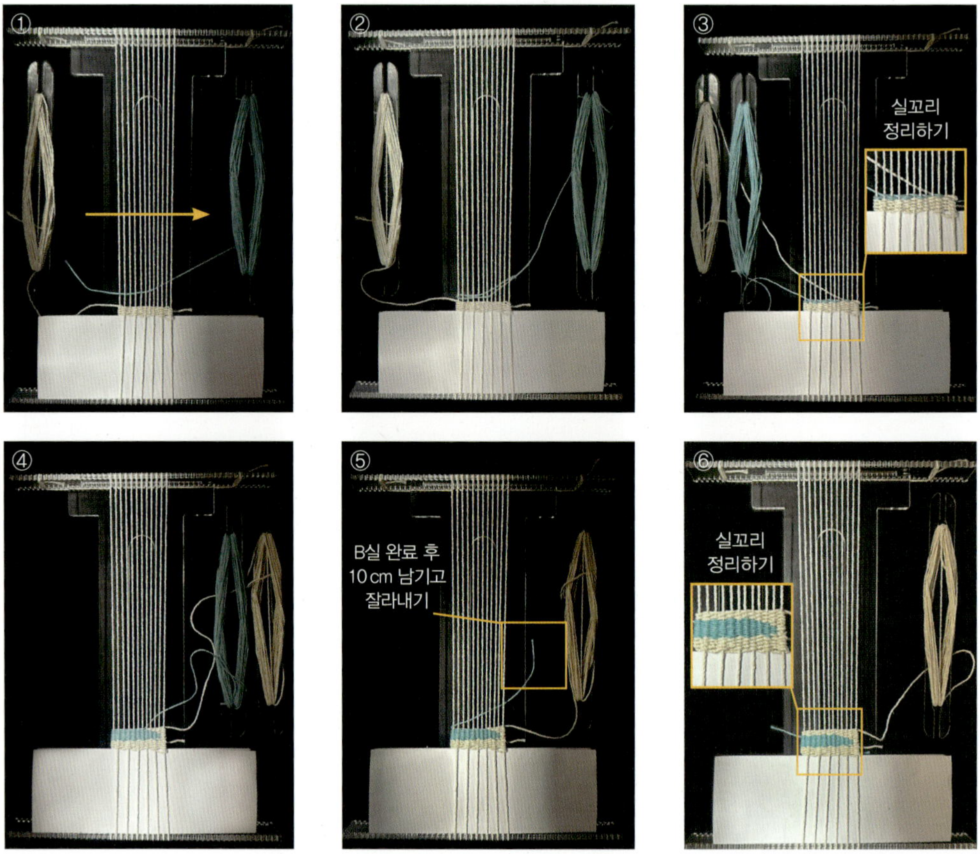

그림 **4-31** A실에서 B실로 색상 바꾸기

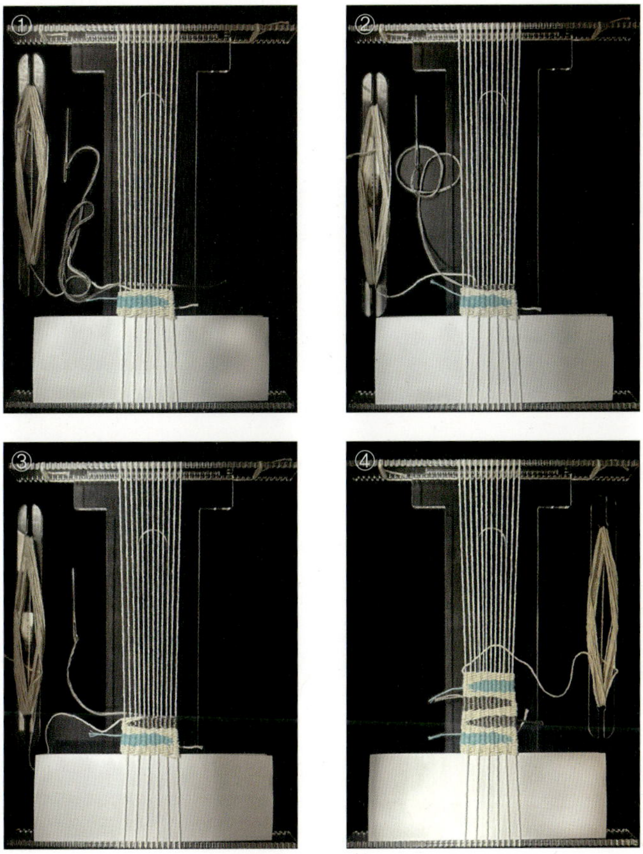

그림 4-32 C실로 색상 바꾸기

STEP 11) 마무리 및 북마크 완성하기

마지막 줄을 짠 후 바디로 빗기 전에 마지막 줄 사이로 넣어서 정리한다. 날실을 순서대로 2줄씩 잘라서 한 매듭 묶기로 묶는다. 다 묶은 후 틀을 빼내고 뒤로 뒤집어 실꼬리를 1 cm 정도로 짧게 정리한다. 그리고 반대쪽도 동일하게 2줄씩 순서대로 한 매듭 묶기로 묶는다. 양쪽의 술은 원하는 길이만큼 남긴 후 잘라서 완성한다.

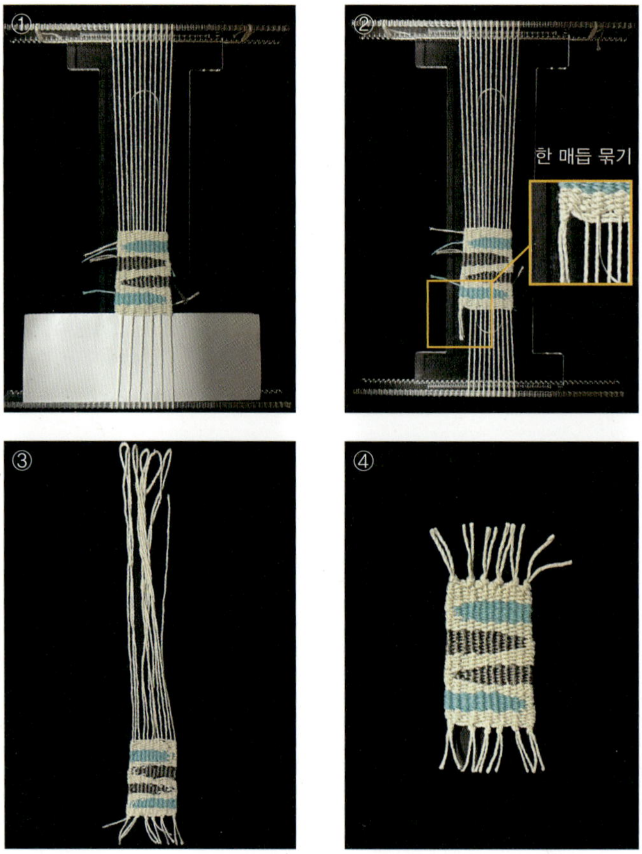

그림 4-33 마무리 및 북마크 완성하기

(2) 위빙룸을 이용한 텍스타일형 LED 북마크 제작하기

앞서 위빙룸으로 제작한 전도성 텍스타일은 일반 원사와 전도사로 직조되었다. 이 중 전도사로 제직된 부분을 전극 자체로 활용하여 LED가 ON/OFF 되는 북마크를 제작한다.

STEP 1) 재료 선정 및 디자인에 맞게 회로도 스케치하기

LED 북마크에 사용할 재료를 그림 4-23 (a)~(d)와 같이 선정한다. 직조된 전도성 텍스타일을 바탕으로 디자인에 맞게 LED와 배터리 홀더가 배치되도록 회로도를 스케치한다. 회로 설계에서 실습한 것과 같이, 배터리 홀더와 LED의 (+)는 (+)끼리, (-)는 (-)끼리 연결될 수 있도록 모듈을 배치하고, 이때 각 회로선이 겹치지 않도록 주의한다. 본 실습에서는 표면에 LED를 배치하고, 이면에 배터리 홀더가 배치되도록 설계하였다.

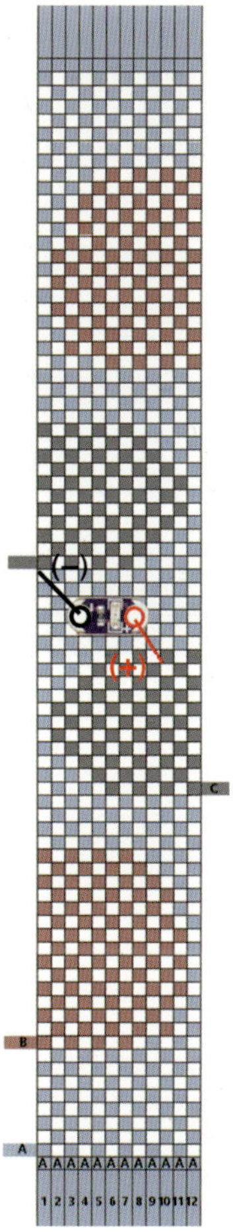

(a) Front

(b) Back

그림 **4-34** 회로도 스케치하기

STEP 2) 모듈 배치 및 직물과 모듈 연결하기

회로도 스케치를 기반으로 전도성 텍스타일 위에 LED와 배터리 홀더를 배치시켜 위치를 확인한다. 모듈이 움직이지 않도록 뒷면에 목공풀 또는 양면테이프를 이용하여 모듈을 직물에 임시 고정시킨다. 이후 스마트 봉제 실습 방법과 동일하게 전도사를 이용하여 배터리 홀더와 LED의 (+)는 (+)끼리, (-)는 (-)끼리 연결한다. 이때 각각의 tab 부분은 세 번 감아 고정시키고, 각 회로선이 겹치지 않도록 홈질로 스티칭한다. 처음과 마지막 땀은 목공풀로 고정한다.

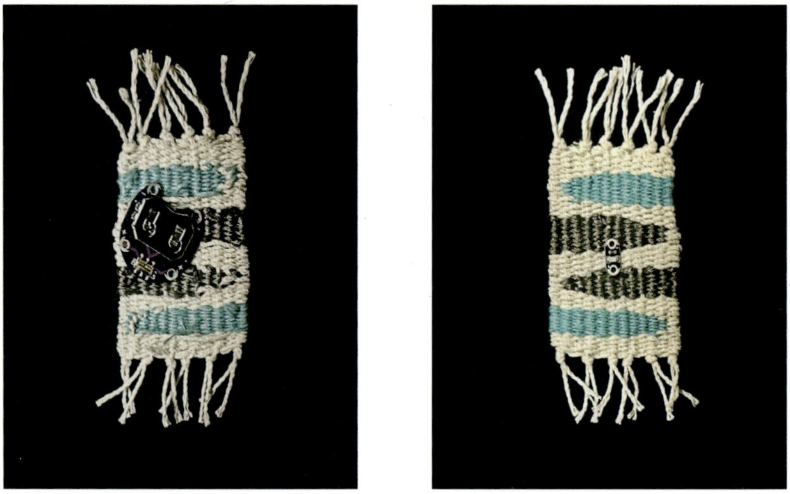

(a) 배터리 홀더 배치(Back) 및 연결 (b) LED 배치(Front) 및 연결

그림 4-35 전도사로 모듈 고정 및 회로선 스티칭하기

STEP 3) 최종 완성 및 LED 작동 확인하기

코인셀 배터리를 배터리 홀더에 삽입한 후, ON을 하여 LED 작동 여부를 확인한다.

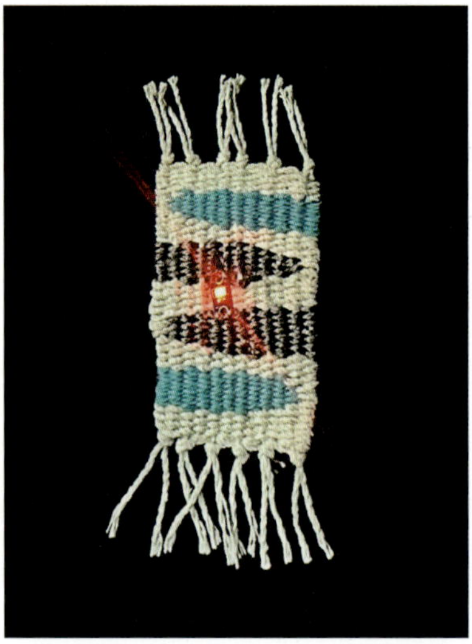

그림 4-36 텍스타일형 LED 북마크 작동 확인하기

4.3 자수 기법을 적용한 근전도 측정용 레깅스 제작

최근 웰빙과 개인의 건강관리에 대한 욕구가 증가함에 따라, 생체신호 측정이 가능한 스마트 디바이스 및 의류에 대한 수요가 증가하고 있다. 이에 착용 시 이물감이 적고 착용성이 우수한 스마트웨어 제조를 위해 전도사를 사용한 섬유형 전도성 소재 기반의 건식 전극에 대한 연구가 지속적으로 이루어지고 있다(Ahan et al., 2022, Kin et al., 2022a, Kim et al., 2020, Kim et al., 2023, Lee et al., 2023, Shuvo et al., 2022, Zhao et al., 2022).

본 절에서는 합연 및 텍스처링 장비를 이용하여 제작한 전도사를 사용해 근전도(EMG, Electromyography) 신호 수집이 가능한 전극이 내장된 레깅스를 제작하고자 한다.

(1) 근전도 의류(sEMG clothing, surface electromyography clothing)

근전도 레깅스를 제작하기에 앞서, 근전도 의류에 대해서 간략하게 알아보고자 한다. sEMG라고 불리는 표면 근전도는 바이오피드백, 스포츠 의학, 동작 분석 등의 분야에서 측정 및 분석을 위해 사용되는 도구이다. 이에 따라 sEMG를 탑재한 스마트 웨어러블 시스템 기반의 의류는 근육 수축과 이완의 발생 여부, 근력의 크기 등 많은 양의 정보를 수집할 수 있다는 장점이 있다. 현재 시판 중인 대표적인 근전도 의류로는 ATHOS와 Mbody의 제품이 있다. 이러한 제품들은 높은 가격과 불만족스러운 심

(a) ATHOS (b) Mbody

그림 4-37 시판 근전도 의류 이미지

(출처: (a)–https://www.liveathos.com/athletes, https://www.liveathos.com/shop, (b)–www.myontec.com)

미성, 불편함 등의 단점을 가지고 있다. 이에 착용자의 편안함을 저하시키지 않고 기존 의류와 유사한 센서가 내장된 의류를 개발하기 위해 전도사를 활용한 텍스타일 전극을 내장시킨 근전도 의류에 대한 연구가 꾸준히 진행 중이다.

(2) 텍스타일형 전극(textile-type electrode)

일반적으로 헬스케어 시스템에서 sEMG와 같은 생체신호를 얻기 위해 일반적으로 사용되는 전극은 Ag/AgCl 하이드로겔 전극이다. 이는 장기간 사용 시 피부 자극이 발생할 뿐만 아니라, 건조해지면 신호의 신뢰성이 저하된다. 이를 보완하기 위해 건식전극에 대한 많은 연구가 진행되고 있다.

텍스타일형 전극은 금속 와이어나 전도성 원사를 이용하여 제직, 편직, 자수 등으로 제조하거나, 전도성 페이스트를 다양한 기재 직물에 코팅 또는 프린팅하는 방식으로 개발되고 있다. 근전도 신호 수집을 위해서는 내부 전극을 통해 생체신호를 수집하고, 외부 전극으로는 근전도 신호 수집이 가능한 장치와 연결되도록 설계되어야 한다. 이에 전도사를 활용한 제직, 편직, 자수는 제조 기법에 따라 전도사가 직물을 관통하면서 양면에 전극이 생성될 수 있다는 장점이 있다. 그러나 텍스타일형 전극은 전도사의 성능과 직접적인 연관이 있기 때문에 전도사 자체의 물리적 내구성, 전기적 성능이 매우 중요하므로 이에 대한 연구도 지속적으로 진행되고 있다.

그림 4-38 전도성 텍스타일을 구현하는 주요 방법

(출처: Angelucci et al., Sensors, 2021, 21, 814)

(3) 자수 전극(embroidery electrode)

자수 전극은 텍스타일형 전극 제조방법 중 하나로, 루프를 통해 원단 내부와 외부의 신호를 수집할 수 있을 뿐만 아니라 완성된 원단 표면에 전도성 패턴을 일반 자수사로 장식할 수 있다는 장점이 있다. 따라서 스마트 의류에서 필요로 하는 기능성과 심미성 두 가지를 모두 가질 수 있는 전극 형태를 지니고 있다. 자수는 핸드 스티칭 또는 자수기를 이용하여 제작할 수 있으며, 본 장에서는 테크니컬 자수기(SGVA 0109-825, ZSK Stickmaschinen GmbH, Germany)를 활용하여 레깅스를 제작해 보고자 한다.

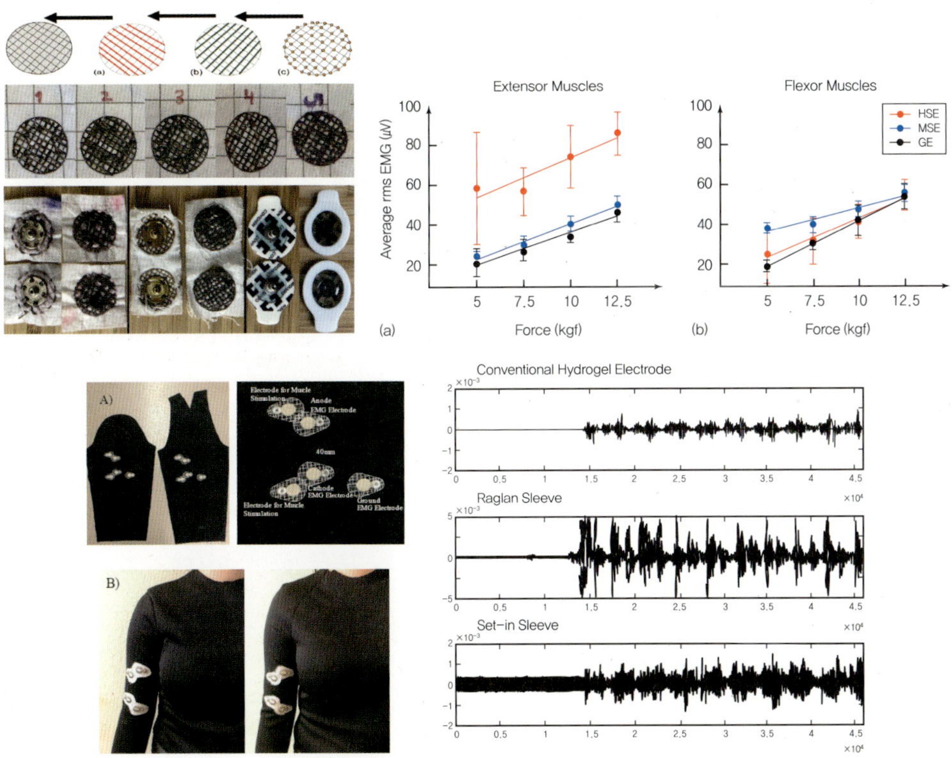

그림 4-39 근전도 측정을 위한 자수 전극 개발 연구

(출처: 상-Pitou et al., Sensors, 20, 3347, 2020,
하-Goncu-Berk and Tuna., Sensors, 20, 5621, 2021)

(4) 자수 기법을 적용한 근전도 측정용 레깅스 제작

STEP 1) 아이템 구상 및 재료 선정하기

① 아이템 선정 및 자수 전극 디자인하기

9부 기장의 여성용 레깅스를 아이템으로 선정하였다. 심미성을 향상시키기 위해 꽃문양을 모티브로 디자인하고, 전극의 지름은 20 mm 이하, 두 전극 간 거리가 40 mm가 되도록 설계한다.

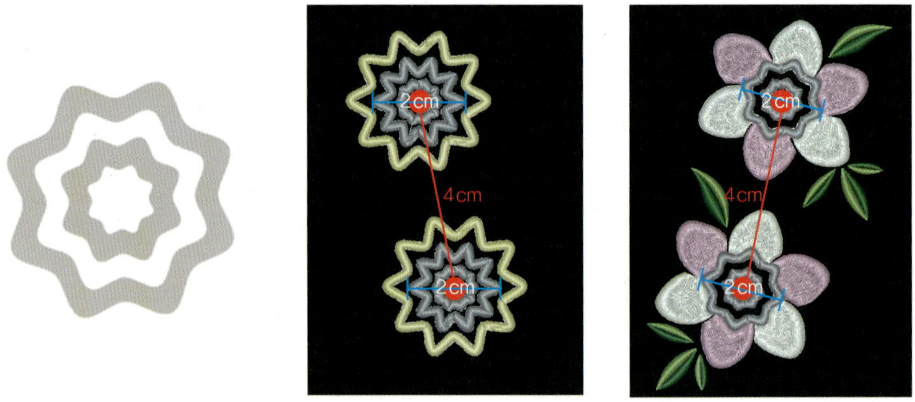

(a) 자수 전극부 디자인 (b) 자수 디자인 1 (c) 자수 디자인 2

그림 4-40 자수 전극 및 자수 디자인 이미지

② 재료 선정하기

근전도 측정용 레깅스 제작을 위해 신축성이 있는 원단을 선정하며, 본 실습에서 선정된 원단의 상세 스펙은 표 4-1과 같다. 자수 전극부는 합연 및 텍스처링 공정에서 제조된 전도사를, 디자인된 부분은 일반 자수사를 사용하여 디자인한다.

표 4-1 사용된 재료의 스펙

재료 (혼용률, %)	무게 (g/m^2)	두께 (mm)	밀도 (웨일×코스/5cm)	신장률 (%)
폴리에스터(82) 폴리우레탄(18)	264.7	0.6	158.6×126.2	W: 15 C: 25

③ 패턴 설계하기

솔기선으로 인한 압박을 최소화하기 위해 앞중심선에 봉제라인을 제거하고, 착용성과 활동성을 높이기 위해 대퇴부의 굴곡에 따른 디자인 라인을 설계한다. 여성들이 운동 시 메인 타깃으로 하는 근육 중 하나인 대둔근 부위에 근전도 전극이 위치할 수 있도록 패턴을 설계한다.

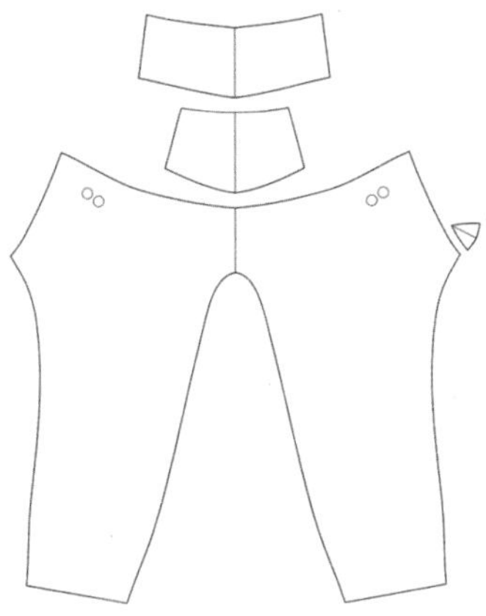

그림 **4-41** 레깅스 패턴 설계

④ 3D 가상 착의

선정된 원단, 자수 전극, 패턴을 기반으로 3D 가상 착의를 실시하여 자수 전극의 위치, 피팅감 등을 확인한다.

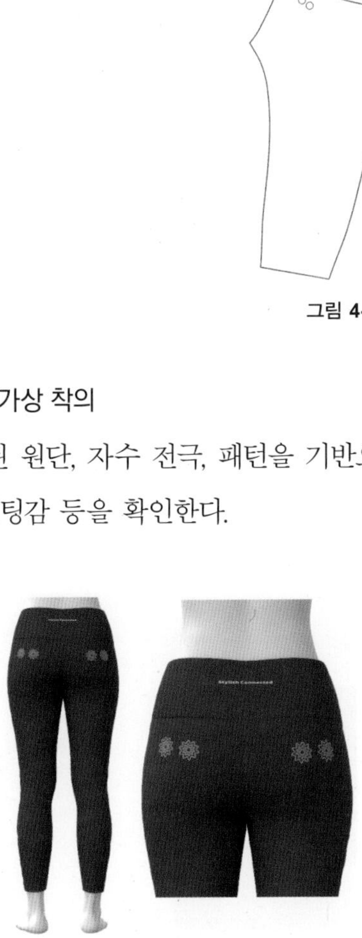

(a) 자수 디자인 1

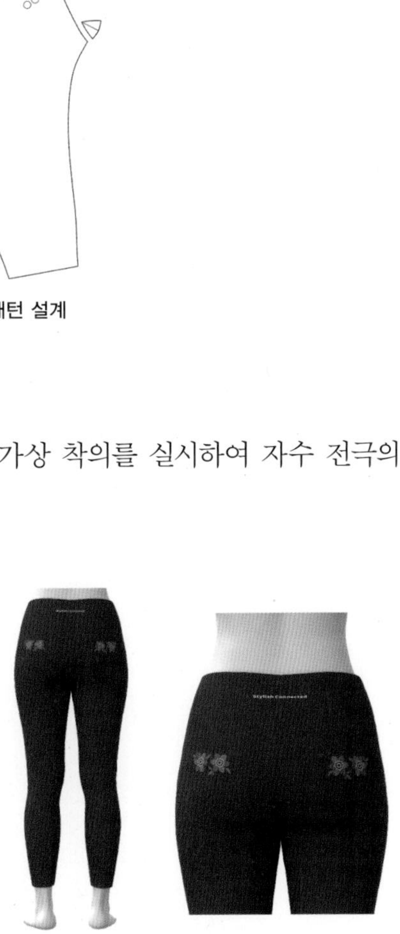

(b) 자수 디자인 2

그림 **4-42** 자수 레깅스의 3D 가상 착의 이미지

STEP 2) 자수 전극 제조하기

① 자수 디자인하기

전극부에 심미성을 향상시킬 수 있도록 디자인을 진행한다. 본 실습에서는 꽃을 모티브로 선정하여 다양한 이미지를 검색하고, 검색한 이미지를 바탕으로 아이디어를 전개한다. 전개한 아이디어는 Adobe Illustrator를 이용하여 2D 형태로 디자인한다.

그림 4-43 자수 전극 디자인

(a) Adobe Illustrator를 이용한 디자인

(b) 자수 디자인 프로그램을 이용한 디자인

그림 4-44 대둔근에 위치한 자수 디자인 및 패턴

이 중 최종 선정된 2종의 자수 전극 디자인을 대둔근 부위의 패턴에 위치시킨다. 이를 바탕으로 자수 디자인 프로그램인 EPC_win Program(ZSK stickmaschiene GmbH, Germany) 장비를 이용하여 자수 조건을 입력하여 디자인을 완료한다. 본 실습에서는 락 스티치(lock stitch) 기법을 사용하였다.

② 자수 전극 제조하기

테크니컬 자수기(SGVA 0109-825, ZSK stickmaschinen GmbH)에 원단을 프레임에 설치한다. 원단은 구김이나 여유가 없도록 펼치고, 손으로 밀리지 않을 정도로 팽팽하고 단단하게 고정시킨다. 디자인한 자수 파일을 불러와 자수 위치를 확인하여 디자인의 크기 확인 및 적절한 위치를 선정한다. 위치 조정이 완료되고 나면 작동 버튼을 눌러 자수를 시작하여 전극을 제조한다.

그림 4-45 자수 전극 제조

STEP 3) 자수 전극 레깅스 제작하기

본 실습에 사용된 원단에 레깅스 패턴을 그린 후 재단하고, 오드람프 기법으로 레깅스를 완성 및 근전도 신호 수집 성능을 확인한다.

표 4-2 자수 전극 레깅스 프로토타입

구분	디자인 1	
원단 종류	블랙	브라운
자수 전극 이미지		
자수 레깅스 이미지		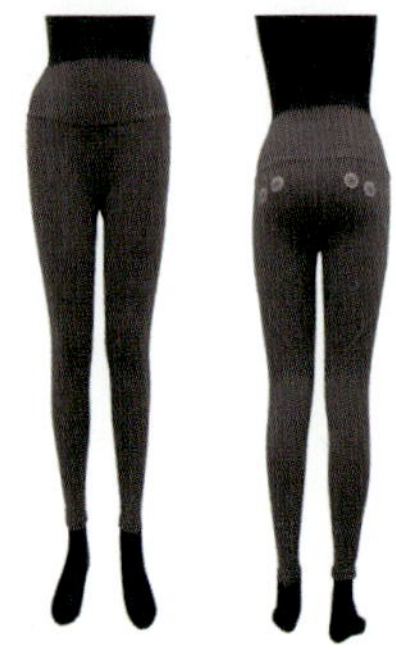

구분	디자인 2	
원단 종류	블랙	브라운
자수 전극 이미지		
자수 레깅스 이미지		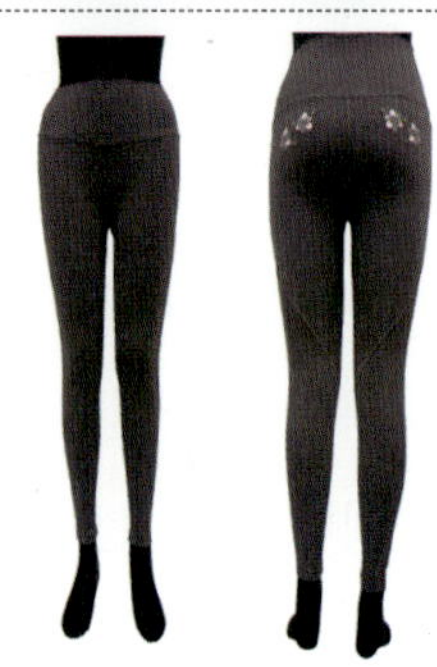

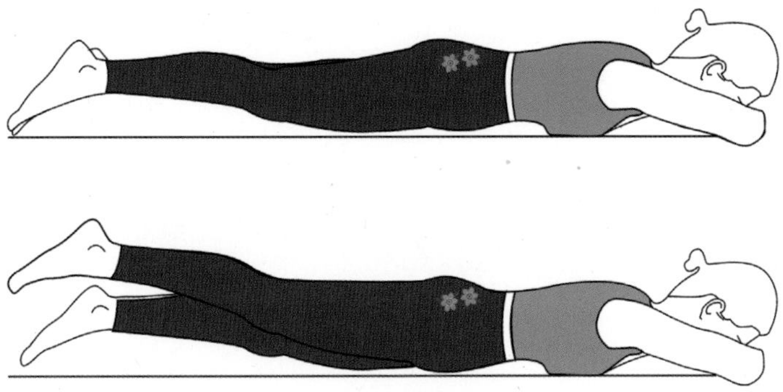

(a) 근전도 신호 측정을 위한 동작

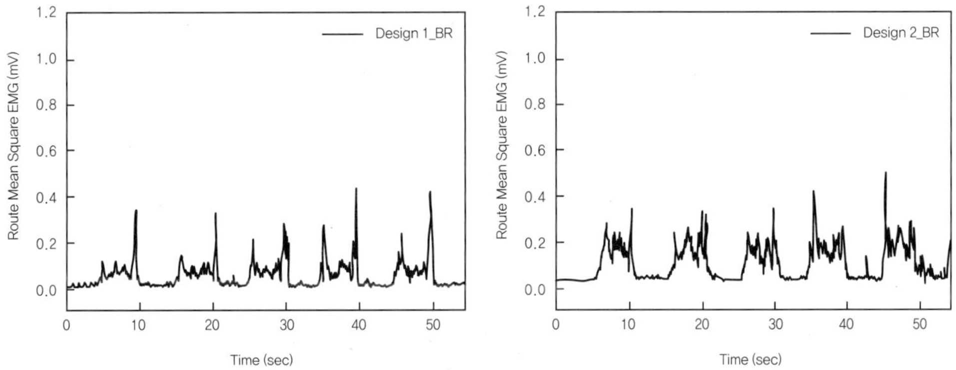

(b) 근전도 신호 측정 결과

그림 **4-46** 근전도 신호 측정 동작 및 결과

참고문헌

논문

- Abu-Thabit, N. Y., & Makhlouf, A. S. H. (2016). Smart textile supercapacitors coated with conducting polymers for energy storage applications. Industrial Applications for Intelligent Polymers and Coatings, 437-477.
- Acar, M., Bilgin, S., Versteeg, H. K., Dani, N., & Oxenham, W. (2006). The mechanism of the air-jet texturing: the role of wetting, spin finish and friction in forming and fixing loops. Textile Research Journal, 76(2), 116-125.
- Acar, M., & Wray, G. R. (1986). 3—AN ANALYSIS OF THE AIR-JET YARN-TEXTURING PROCESS PART I: A BRIEF HISTORY OF DEVELOPMENTS IN THE PROCESS. Journal of the Textile Institute, 77(1), 19-27.
- Angelucci, A., Cavicchioli, M., Cintorrino, I. A., Lauricella, G., Rossi, C., Strati, S., & Aliverti, A. (2021). Smart textiles and sensorized garments for physiological monitoring: A review of available solutions and techniques. Sensors, 21(3), 814.
- Chatterjee, K., Tabor, J., & Ghosh, T. K. (2019). Electrically conductive coatings for fiber-based e-textiles. Fibers, 7(6), 51.
- Chen, M., Ma, Y., Li, Y., Wu, D., Zhang, Y., & Youn, C. H. (2017). Wearable 2.0: Enabling human-cloud integration in next generation healthcare systems. IEEE Communications Magazine, 55(1), 54-61.
- Demir, A., Acar, M., & Wray, G. R. (1988). Air-jet textured yarns: The effects of process and supply yarn parameters on the properties of textured yarns. Textile Research Journal, 58(6), 318-328.
- Goncu-Berk, G., & Tuna, B. G. (2021). The effect of sleeve pattern and fit on e-textile electromyography (EMG) electrode performance in smart clothing design. Sensors, 21(16), 5621.
- Meyer, J., Lukowicz, P., & Troster, G. (2006, October). Textile pressure sensor for muscle activity and motion detection. In 2006 10th IEEE International Symposium on Wearable Computers (pp. 69-72). IEEE.
- Özçelik, G., Cay, A., & Kirtay, E. (2007). A study of the thermal properties of textured knitted fabrics. Fibres & Textiles in Eastern Europe, (1 (60)), 55-58.
- Pitou, S., Michael, B., Thompson, K., & Howard, M. (2020). Hand-made embroidered electromyography: Towards a solution for low-income countries. Sensors, 20(12), 3347.
- Rajendrakumar, K., & Thilagavathi, G. (2013). A study on the effect of construction parameters of metallic wire/core spun yarn based knitted fabrics on electromagnetic shielding. Journal of Industrial Textiles,

42(4), 400-416.

- Sengupta, A. K., Kothari, V. K., & Alagirusamy, R. (1988). An Analysis of the Air-jet Yarn-texturing Process.
- Wickramasinghe, G. L. D., & Foster, P. W. (2014). EFFECT OF POST-TEXTURED HEAT SETTING ON TEXTURED YARN PROPERTIES: COMPARISON BETWEEN AIR-JET AND STEAM-JET TEXTURED YARNS. International Journal of Engineering and Applied Sciences, in, 5(07).

도서

- Hearle, J. W., Hollick, L., & Wilson, D. K. (2001). Yarn texturing technology.
- Kadolph, S. J. (2007). Textiles: basics. Pearson Prentice Hall.
- Sengupta, A. K., Kothari, V. K., & Alagirusamy, R. (1988). An Analysis of the Air-jet Yarn-texturing Process.
- 임대영, 송지은, 한소라(2023). 자동횡편기를 활용한 전자섬유 제품, 교문사.
- 임대영, 이수현, 노수현(2022). 테크니컬 자수기를 활용한 전자섬유 제품, 교문사.

시장보고서

- E-textiles 2020-2030: Technologies, Markets and Players(2020), IDTechEx
- Mordor Intelligence(2018)
- Smart Clothing Market, MarketsandMarkets(2019)

홈페이지

- http://190.121.228.102/backup/SSM_Air%2520Texturing.pdf
- http://www.textilesol.kr/upload_file/T_TEXTILE_BOARD_NEW/S10000000334_0.pdf
- https://descript.me/dyne
- https://galan.es/en/pr-e
- https://galan.es/en/up-twister-2x1-en
- https://intelligenttextiles.com/features/reliability
- https://mww.xsilveryarn.com/silver-copper-plated-fiber/the-silver-fabric/conductive-silver-plated-fabric-for-fencing.html
- https://news.osu.edu/news/2016/04/13/computers-in-your-clothes-a-milestone-for-wearable-electronics
- https://ocw.mit.edu/courses/mas-962-special-topics-new-textiles-spring-2010
- https://owletcare.com/products/owlet-dream-sock
- https://shop.statsports.com/products/apex-athlete-series

- https://stepstohealth.net
- https://stock.adobe.com/th/images/flex-printed-circuit-board-hand-in-blue-glove-white-background-transparent-plastic-membrane-with-brown-copper-layer-pcb-bending-of-patterned-silicone-sheet-electronics-industry-selective-focus/257183153)
- https://techcrunch.com/2020/05/27/siren-raises-11-8m-for-its-limb-saving-smart-socks
- https://tragate.com/twisted-yarn-1149/product
- https://www.amann.com/products/product/silver-tech
- https://www.bodytech-emsfitness.com/ems-fitness/smart-ems-training-system-with-ems-suit.html
- https://www.britannica.com/topic/textile/Types-of-yarn
- https://www.carehomeprofessional.com/connected-smart-technology-set-to-be-sewn-into-clothing-for-the-elderly-2
- https://www.dzptechnologies.com/f0581
- https://www.eysan.com.tw/yarn-count-filament-staple-yarn
- https://www.innovationintextiles.com/overcoming-the-barriers-of-etextile-production
- https://www.kobakant.at/DIY/?p=4085
- https://www.mobihealthnews.com/32774/healthwatch-seeks-fda-clearance-for-its-12-lead-ecg-tshirt
- https://www.pinterest.co.kr/pin/793759503070721002
- https://www.pngwing.com/ko/free-png-ifvsr#google_vignette
- https://www.sensoriafitness.com
- https://www.tevonews.com/dyes-finishing-news/262-liquefied-aluminium-for-conductive-textiles
- https://www.theverge.com/2014/8/12/5992297/athos-fitness-wearable-electromyography
- https://www.youtube.com/watch?v=e-rdgB_19Fg&t=2s

찾아보기